高产母猪
精细化饲养新技术

李连任　主编

中国农业科学技术出版社

图书在版编目（CIP）数据

高产母猪精细化饲养新技术／李连任主编．—北京：中国农业科学技术出版社，2018.6

ISBN 978-7-5116-3688-1

Ⅰ.①高… Ⅱ.①李… Ⅲ.①母猪-精准农业-饲养管理 Ⅳ.①S828.9

中国版本图书馆 CIP 数据核字（2018）第 103301 号

责任编辑　张国锋
责任校对　马广洋

出 版 者　中国农业科学技术出版社
　　　　　北京市中关村南大街 12 号　邮编：100081
电　　话　（010）82106636（编辑室）　（010）82109702（发行部）
　　　　　（010）82109709（读者服务部）
传　　真　（010）82106631
网　　址　http://www.castp.cn
经 销 者　各地新华书店
印 刷 者　北京富泰印刷有限责任公司
开　　本　880mm×1 230mm　1/32
印　　张　7.75
字　　数　226 千字
版　　次　2018 年 6 月第 1 版　2018 年 6 月第 1 次印刷
定　　价　32.00 元

《高产母猪精细化饲养新技术》
编写人员名单

主　　编　李连任

副 主 编　孙忠慧　杨树国

参编人员　闫益波　李迎红　刘冬梅　夏奎波
　　　　　　王立春　花传玲　欧秀群　杨　利
　　　　　　董安福　季大平　李　童　庄桂玉
　　　　　　李长强　侯和菊　刘　东　田宝贵
　　　　　　苏晓东　刘晓燕　徐希万　石光亮

前　言

　　在政策和行业发展要求之下，我国生猪养殖规模化发展已经进入了快速发展期，集约化程度越来越高，设施越来越先进，猪饲料营养水平越来越高，生长速度越来越快。通过 20 多年不断从国外引进种猪和选育、扩繁、推广，我国主要瘦肉型猪的遗传性能显著提高。但是，接踵而来的猪蓝耳病、伪狂犬病、日本乙型脑炎、黄曲霉毒素中毒……如影随形，造成母猪整体繁殖机能下降，引起母猪不发情、发情不明显、发情不排卵、配不上种、子宫内膜炎等，成为当今笼罩母猪培育过程中挥之不去的阴霾，养猪业也因此遭遇了前所未有的艰难。规模化养猪场由于粗放管理和疫病问题导致死亡率明显提高，繁殖障碍性疾病导致母猪生产能力下降，养猪效益滑坡甚至亏损的情形时有发生。母猪繁殖障碍已成为我国规模化养猪场发展道路上的拦路虎。

　　回顾过去 20 多年养猪业发展的历史，我们不得不为自己所付出的代价来深刻反思。由于当前在母猪发展模式、经营模式、管理理念和技术体系等诸多方面存在不足，母猪优良品种的潜能无法得到充分体现。母猪是整个养殖场的核心群体，也是猪场的财富资源，其数量以及繁殖能力决定着猪场生产力水平的高低及其盈利情况。因此，彻底改革以前的粗放管理模式，对母猪实行精细化饲养管理，善待母猪是提升猪场效益的必由之路。

　　为了让母猪的体况始终处于巅峰状态，能顺利怀胎、保证孕期安全并轻松分娩、泌乳量保持最高、很快再次发情、成功配种并进入下一个妊娠期，就必须对母猪实行精细化饲养管理。为此，我们组织了农业科学院专家学者、职业院校教授和常年工作在养猪生产一线的技术服务人员，从后备母猪的选留入手，就母猪配种、营养、生产管理、卫生消毒、疾病诊治等方面，总结了母猪精细化饲养管理过程中的新理念、新技术，并编写了《高产母猪精细化饲养新技术》一书。本书实用性和可操作性较强，语言通俗易懂，技术科学实用，可供广大养殖场、养殖专业户和畜牧兽医工作者参考使用。

由于作者水平有限，书中难免存在不足甚至失误。对书中不妥、错误之处，恳请广大读者不吝指正。

编者

2018 年 4 月

目　　录

第一章 后备母猪选留与培育的精细化管理

第一节 猪的主要品种与杂交改良

一、猪的经济类型

从经济价值考虑，根据猪的产肉特点和外形特征，大致将猪分为脂肪型猪、瘦肉型猪、兼用型猪3种不同的经济类型。

（一）脂肪型猪种

脂肪型猪能生产较多的脂肪，胴体瘦肉率仅占35%~45%，背膘厚5.0厘米以上。这种类型的猪成熟早、繁殖力高、耐粗饲、适应性强、肉质好。对蛋白质饲料需要较少，需要较多的碳水化合物饲料，饲料转化率较差。脂肪型猪的外形特点是体躯宽深而稍短，颈部短粗，下颌沉垂而多肉，四肢短，大腿较丰满，臀宽平厚，胸围大于或等于体长。早年的巴克夏猪是这类型猪典型的代表。我国很多地方型猪都属脂肪型猪，如华南型猪：两广小耳花猪（32%瘦肉率、肥肉+板油占胴体的52.69%、9~10个月才长到80~85千克）、海南猪等；培育的脂肪型猪有赣州白猪。现在已不再培育脂肪型猪。

（二）瘦肉型猪种（系）

瘦肉型猪的胴体瘦肉率为55%~65%，其生长发育快，育肥期短。瘦肉型猪生产瘦肉的能力强，能有效利用饲料转化为瘦肉。瘦肉型猪的外形特点是躯体长，胸腿肉发达，身躯呈流线形，体长比胸围长15~20厘米，背膘厚1.5~3.0厘米，腰背平直，腿臀丰满，四肢结实。丹系长白猪是典型代表。

1

杂交得来的瘦肉型猪与我国本土的脂肪型猪，在生长发育的规律上存在很大的不同，主要表现在囤积脂肪的能力、出栏时的胴体瘦肉率以及生长高峰期的不同。

瘦肉型猪体内沉积蛋白质能力较强，沉积脂肪能力较弱；脂肪型猪沉积脂肪能力较强而沉积蛋白质能力较弱，瘦肉型猪上市屠宰时胴体瘦肉率高达55%~65%，而脂肪型猪胴体瘦肉率只有35%~45%。

瘦肉型猪各种体组织生长的高峰期较脂肪型猪晚，脂肪型猪多属于早熟型品种，成年体重较小，各种体组织生长的高峰期到来得也较早。如我国地方猪种4~5月龄就达到了肌肉生长高峰期，而脂肪的生长很早就已开始，到5~6月龄时已强烈沉积。瘦肉型猪肌肉生长高峰期在5~6月龄，而脂肪强烈沉积是在8~9月龄，因此，瘦肉型猪达90千克上市时胴体瘦肉率较高而脂肪率较低。

（三）兼用型猪种

兼用型猪的体形、胴体肥瘦度、背膘厚度、产肉特性、饲料转化率等均介于瘦肉型猪和脂肪型猪之间，有的偏向于瘦肉型猪，称为肉脂兼用型猪；有的偏向于脂肪型猪，称为脂肉兼用型猪。瘦肉占胴体重的45%~55%，背膘厚3.0~4.5厘米。苏白猪为典型代表。我国培育的很多品种都是肉脂或脂肉兼用型猪，如北京黑猪、新金猪、上海白猪、哈尔滨白猪、吉林花猪、新淮猪等；国外猪种如苏联大白猪、中约克夏等。

二、主要优良品种

（一）国外优良品种

目前国际上流行的，都是经改良的品种，均属瘦肉型，只是胴体品质和生产性能上略有差异，主要有以下品种。

1. 大约克夏猪

大约克夏猪也叫大白猪，1852年在英国育成，是世界上著名的瘦肉型猪种，有较好的适应性，其主要优点是生长快、饲料利用率高、产仔多、瘦肉率高。

外貌特征：体格大，体型匀称，耳直立，鼻直，四肢较高，全身被毛白色。成年公猪体重为350~380千克，成年母猪为250~300

千克。

育肥性能：生后 6 月龄体重可达 90~100 千克，肉料比 1:3 左右，屠宰率为 71%~73%，胴体瘦肉率为 60%~65%。

繁殖性能：性成熟晚，生后 5 月龄出现第一次发情，经产母猪产活仔 10 头左右。35 日龄断奶窝重为 80 千克。

2. 长白猪

长白猪原产于丹麦，是世界上著名的瘦肉型猪种之一。长白猪的主要特点是产仔数较多，生长发育较快，省饲料，胴体瘦肉率高，但抗逆性差，对饲料营养要求较高。

外貌特征：头狭长，耳向前平伸略下垂，体躯深长，结构匀称，后臀特别丰满且肌肉发达，体躯前窄后宽呈流线型，全身被毛白色。成年公猪体重达 250~350 千克，成年母猪体重为 220~300 千克。

育肥性能：长白猪 6 月龄体重可达 90 千克以上，日增重 500~800克，肉料比 1:3，屠宰率为 69%~75%，胴体瘦肉率为 50%~65%。

繁殖性能：性成熟较晚，公猪一般在 6 月龄时性成熟，8 月龄开始配种。

3. 杜洛克猪

杜洛克猪饲养条件比其他瘦肉型猪要求低，生长速度快，饲料利用率高，胴体瘦肉率高，肉质较好，性情温和。成年公猪体重为 340~450 千克，成年母猪体重为 300~390 千克。在杂交利用中一般作为父本。

外貌特征：全身被毛呈金黄色或棕红色，色泽深浅不一，头小清秀，嘴短而直，两耳中等大小，耳尖稍下垂；背腰在生长期呈平直状态，成年后稍呈弓形，胸宽而深，后躯肌肉丰满；四肢粗壮结实，蹄呈黑色，多直立。

育肥性能：6 月龄体重可达 90 千克，日增重 600~700 克，肉料比 1:2.99。在体重 100 千克时屠宰率为 75%，胴体瘦肉率为 61%以上。

繁殖性能：性成熟较晚，母猪一般在 6~7 月龄、体重为 90~110千克时开始发情，经产母猪产仔数 10 头左右。

4. 汉普夏猪

汉普夏猪是美国第二个普及的猪种（薄皮猪），广泛分布于世界各地。主要特点是生长发育较快，抗逆性较强，饲料利用率较高，胴体瘦肉率较高，肉质较好，但产仔数较少。

外貌特征：毛黑色，肩颈结合处有一白色带（包括肩和前肢），故又称银带猪。头中等大，嘴较长且直，耳中等大且直立；体躯较杜洛克猪稍长，背宽大略呈弓形，后躯臀部肌肉发达，体质强健，体型紧凑。成年公猪体重为 315~410 千克，成年母猪体重为 250~340 千克。

育肥性能：6 月龄可达 90 千克，日增重 600~700 克，肉料比1∶3，体重达 90 千克时屠宰，其屠宰率为 71%~79%，胴体瘦肉率为 60% 以上。

繁殖性能：性成熟较晚，母猪一般在 6~7 月龄、体重 90~110 千克时开始发情。汉普夏猪以母性强、仔猪成活率较高而著称，产仔数平均为 8.66 头。

5. 皮特兰猪

皮特兰猪产于比利时的邦特地区，主要特点是生长发育快、瘦肉率高（达 65% 以上）。

外貌特征：毛色灰白，体躯夹有黑斑；耳中等大小，微前倾，头部清秀，颜面平直，嘴大且直；体躯呈圆柱形，肩部肌肉丰满，背直而宽大，体长 1.5~1.6 米。

育肥性能：6 月龄可达 100 千克，每增重 1 千克消耗配合饲料3.0 千克以下，90 千克时屠宰，胴体瘦肉率为 65% 以上。后躯占胴体 37% 以上。

繁殖性能：性成熟较晚，5 月龄后公猪体重达 90 千克，母猪 6 月龄、体重达 100 千克以后配种为宜，初产母猪产仔 7 头以上，经产母猪产仔 9 头以上。该猪种体质较弱，较神经质，配种时注意观察，尤其在夏季炎热天气需注意防暑和调教。

（二）国内主要地方优良品种

根据猪种来源、地域分布和生产性能等特点，我国地方猪种可划分为华北型、华南型、华中型、江海型、西南型和高原型 6 种类型。

1. 华北型

分布于秦岭和淮河以北。主要特点是体格较大，头直嘴长，背腰狭窄，臀部倾斜，四肢粗壮；皮厚毛密，鬃毛发达，被毛多为黑色且冬季密生绒毛；母猪 3~4 月龄开始发情，繁殖力强，经产母猪产仔大多为 12 头以上。代表品种有东北地区的民猪、西北地区的八眉猪和淮河流域的淮猪等。

2. 华南型

分布于中国南部。主要特点是体格偏小，头小面凹，耳竖立或向两侧平伸，躯体短宽，腿臀丰满，四肢较短；皮薄毛稀，鬃毛短小，被毛多为黑色或黑白花色；性成熟比华北型早，繁殖力低，平均产仔数为 8~10 头，乳头为 5~6 对。代表品种有云南的滇南小耳猪、福建的槐猪、海南的海南猪等。

3. 华中型

分布于长江以南，北回归线以北，大巴山和武陵山以东的大部分地区。主要特点是体型略大于华南型，头中等大小，耳向上或平向前伸，背腰较宽且多小凹，腹大下垂；毛色以黑白花为主，头尾多为黑色；繁殖力中等，每胎产仔数为 10~13 头，乳头为 6~8 对。代表品种有浙江的金华猪、广东的大花白猪、湖南的宁乡猪、广西壮族自治区的两头乌猪等。

4. 江海型

分布于长江中下游及东南沿海的狭长地带，包括台湾省西部的沿海平原。主要特点是额宽，耳大下垂，背腰较宽，较平直或微凹，骨粗；皮厚而松软，且多褶皱，被毛有黑色或间有白斑；繁殖力高，经产母猪产仔数为 13 头以上，乳头多在 8 对以上。代表品种有太湖流域的太湖猪、江苏的姜曲海猪、台湾省的桃园猪等。

5. 西南型

分布于四川盆地，云南、贵州的大部分地区，以及湖南、湖北的西部地区。主要特点是体格稍大，头大，额面多横行皱纹且有旋毛，四肢粗壮；毛色多样，以全黑或"六白"为主，也有黑白花和少量红毛猪；繁殖力偏低，经产母猪产仔数为 8~10 头，乳头为 6~7 对。代表品种有四川的内江猪和荣昌猪、云南等地的乌金猪等。

6. 高原型

主要分布于青藏高原，品种数和头数均较少，以藏猪为代表品种。主要特点是体型小，形似野猪，善奔跑，耐饥寒；繁殖力低，一般年产 1 胎，每胎 5～6 头；生长慢，较晚熟，胴体瘦肉率为 52% 左右。

三、选种选配

（一）测定和种猪选留

猪的育种就是通过测定、遗传评估，对种群的繁育进行人工干预，改变群体遗传进程，以便在世代的更替中，使群体内个体更好地接近特定的选育目标。优良性状只有通过不断地选择才能得到巩固和提高，因此选择是改良和提高种猪生产性能的重要手段。

1. 测定的准确性是基础

测定数据是整个选育工作的源头，其准确性是成败的关键。可能影响准确性的因素很多，养殖者要尽力给予从严控制。

（1）营养供给　细分猪的饲养阶段，给出合理的饲料营养标准和相应饲喂数量，并在不同的季节作出适量调整。对饲料和添加剂原料严格把好质量关，对某些原料进行膨化、发酵处理。

（2）环境控制　我国南北气候相差悬殊，在四季分明的亚热带季风区域，夏季的酷暑、冬季的湿冷对各类猪的健康和生长都有很大影响，采暖、保温和通风、防暑同等重要并均需大量投入。给所有猪舍安装湿帘通风，产房、保育舍采用地暖等综合措施，可减少恶劣气候对猪的不利影响。

各类猪舍都采用机械刮粪装置，干粪经充分发酵成农田优质肥料；剩余的水粪经过高效厌氧产沼-沼气发电-脱碳除磷-体化塘-强化生态净化塘-无土栽培-土壤毛细管渗滤-潜流式人工湿地等循环处理达标排放。良好的粪污处理措施净化了猪场的内外环境。

（3）健康保障　严格控制生产区内外和不同生产区的人员、物品往来，构筑好坚实的防疫墙。

在总体免疫程序规范下，制定分阶段实施的责任制，形成缜密的免疫网络。每季度进行各类猪只免疫抗体水平检测，实时监控群体健康状态。

制订"重大疫情应急预案",以便在有疫情威胁时能及时作出反应,迅速形成有效应对措施,在统一指挥下高效、有序地工作,保障猪群健康。

此外,还要配备足够的测定设备,如称重设备、活体超声波测膘仪等,并加强测定人员的技术培训。

2. 遗传评估是选种的主要依据

(1) 主选性状和综合选择指数　根据国家生猪遗传改良计划最近提出的 3 个主要目标选育性状,即总产仔数、达 100 千克体重日龄和达 100 千克体重活体背膘厚。由此 3 个性状组建的综合选择指数公式为: $I=0.6\times EBV_1+0.3\times EBV_2+0.1\times EBV_3$,以期较大提高繁殖性能,适度提升生长速度,并保持良好的胴体性状。

(2) 选种过程　针对目标性状进行遗传评估得出综合育种值,选取同批测定猪中(例如 2 周内)指数值高的公猪 6%、母猪 30%先留下(测定猪批间的指数值会有一定幅度的波动,其选留比例就不能是划一的,不够基本标准的可以少留甚至不留),将群体内真正优秀的个体选留下来。选留时也要注意单个性状育种值特别高的个体,以维持群体良好的遗传素材。在根据综合育种值大小顺序选种时,还应注意公猪的血统,少量选留性能稍欠优的公猪,避免血缘过窄而致近交程度的快速上升。结合后备猪外貌逐头进行现场选留,主要兼顾品种特征、繁殖性征、四肢健壮性以及健康状况等。

待预留种猪达到 210 日龄,公猪经过 2~3 次采精,其精液品质达基本要求;母猪有过较明显的发情征状,据此确定正式选留。根据国家生猪遗传改良计划的要求,公、母猪的留种率分别为 3%和 25%以下。

3. 加快世代更替

(1) 合理的世代间隔　缩短世代间隔是加快遗传进展的另一项重要手段。公猪的使用年限以不超过 10 个月为宜,这样,公猪的世代间隔大约为 1.5 年。母猪若能有自身繁殖性能数值甚至有多胎繁殖性能数值,将对其估计育种值的准确性大为提高,所以在 1 胎、2 胎、3 胎再进行重复选择对提高繁殖性能是很有好处的。母猪 1 胎、

2 胎、3~4 胎比例分别为 50%、30%、20%左右，是较合理的胎龄结构，这样世代间隔也在 1.5 年内。

（2）实际操作　在当代核心群母猪 1 胎、2 胎、3 胎产仔后，根据新获得的繁殖数据，再次计算综合选择指数，排序淘汰低端的 20%。大于 4 胎的母猪全部退出核心群。

（二）种猪选配

选种是选配的基础，但选种的作用必须通过选配来体现。利用选种改变群体动物的基因频率，利用选配有意识地组合后代的遗传基础。有了良好种源才能选配；反过来，选配产生优良的后代，才能保证在后代中选种。选配有同质选配、异质选配和亲缘选配 3 种类型。

按综合选择指数选配时，在指数相同或相近的两个体间进行选配时，整体上可视为同质选配，但就指数内单个性状而言可视为异质选配。在制订选配计划时，往往以综合选择指数值为依据，同时考虑参配个体间的亲缘关系，即近交系数不得高于 12.5%。近交能促进基因的纯合，获得稳定的遗传，适度近交是可行的，也是必要的，个别情况下不超过 10%是可以接受的。

种猪选配的实际操作方法及要点如下。

① 将公、母猪根据综合选择指数值大致分为：特级、优级和一级，将参加本配种时段的公、母猪按综合选择指数值大致排分成特级、优级、一级 3 个群体。正常的状态下，"特级"和"一级"数量较少，"优级"数量略多。

② 在"特级"的母猪群中，应以"特级"的公猪与之配合为主，不得选"一级"的公猪配合，在"优级"的母猪群中，则以"优级"的公猪与之配合为主，其余尽量安排"特级"的公猪与之配合。在"一级"的母猪群中，以"优级"和"一级"的公猪为主，少量以"特级"的公猪进行异质选配。

③ 通过选配，可使"特级"公猪的与配母猪比平均数多 20% ~ 30%，"一级"公猪的与配母猪比平均数少 20% ~ 30%。

④ 为控制群体近交程度不致过快上升，一般控制亲缘系数在 12.5%以下，少数也不得突破 25%。

⑤ 为迅速巩固某一特定性状，可采用半同胞以上的亲缘选配；

特殊需要可采用全同胞和亲子交配。亲子交配以限 1 次为度，全同胞交配限 2 次为度，其后的选配须拉开亲缘距离，亲缘选配的总量须限制在全群的 10%以内。

⑥ 认真制订详细的选配计划，并遵照执行。

选配工作量大且烦琐，要安排专人负责核心群全群选配计划的制订并切实执行。

后备种猪的选配计划每月制订 1 次，其他各胎次母猪的选配计划每半月制订 1 次（包括综合选择指数的再计算）。

四、杂交改良

杂交是遗传上不同种、品种、品系或类群个体之间的交配系统。杂交的最基本效应是使基因型杂合，产生杂种优势。杂种个体表现出生命力更强、繁殖力提高和生长加速，多数杂种后裔群体均值优于双亲群体均值，但也有出现低于双亲群体均值的。目前生产上最常用的杂交方式有二元杂交、三元杂交、四元杂交、轮回杂交和正反反复杂交。

（一）杂交方式

1. 二元杂交

二元杂交指两个具有互补性的品种或品系间的杂交，是最简单的杂交方式，生产上最常见的二元母猪为长大、大长母猪。

纯粹以国外引进品种杂交生产的母猪，养殖户俗称其为"外二元"母猪。以我国地方猪种为母本生产的二元母猪，俗称为"内二元"母猪，如长白公猪与太湖母猪杂交生产的长太二元母猪。常见的二元杂交公猪为皮杜、杜皮杂种公猪。

2. 三元杂交

三元杂交是指 3 个品种间或品系的杂交。首先利用两个品种或品系杂交生产母猪，再利用第 3 个品种或品系的公猪杂交产生的后代猪。三元杂交除育种需要外，大部分用于生产商品猪。生产上最常见的三元猪为杜长大或杜大长商品猪。

全部运用外来品种（系）杂交生产出的三元猪，养殖户俗称为"外三元"。三元杂交的第一母本为国内地方品种生产的猪为"内三元"商品猪。

3. 四元杂交

四元杂交是指两个品种（系）杂交生产的杂交公猪，再利用另外两个品种（系）杂交生产杂交母猪，然后由杂交公猪和杂交母猪杂交产生后代猪。四元杂交除育种需要外，通常用于生产商品猪。

4. 轮回杂交

由 2 个或 3 个品种（系）轮流参加杂交，轮回杂种中部分母猪留作种用，参加下一次轮回杂交，其余杂种均作为商品育肥猪。

5. 正反反复杂交

利用杂种后裔的成绩来选择纯繁亲本，以提高亲本种群的一般配合力，获得杂交后代的最大杂种优势。

（二）配套系

配套系是指在专门化品系选育基础上，以几个组的专门化品系（多以 3 个或 4 个品系为一组）为杂交亲本，通过杂交组合试验筛选出其中一个作为最佳杂交模式，再依此模式进行配套杂交得到产品——商品猪。广义的配套系是指依杂交组合试验筛选出的已被固定的杂交模式生产种猪和商品猪的配套杂交体系。配套系都有自己的商品名称。例如，在国外猪中，有 PIC、迪卡（美国）、施格（比利时）、达兰（荷兰）、托佩克（加拿大、美国）等。在我国，经国家畜禽品种审定委员会审定的 8 个猪配套系也都有其商品名称，如中育猪配套系、滇撒猪配套系、光明猪配套系等。

配套系商品猪、配套系种猪都是由固定的杂交模式生产出来的。推广的是依据相对固定的模式生产出的各代次种猪，故有以下称谓：某配套系的曾祖代、祖代、父母代；某配套系的曾祖代、祖代、父母代种猪；某配套系的商品猪。

引进和饲养配套系的种猪时，一定要弄清楚代次及其配套模式，以确保充分发挥其正常的生产性能。如果自己的猪场计划生产某配套系的商品猪，就应该引进配套系的父母代种猪；如果计划生产推广某配套系的父母代种猪，就应该引进饲养该配套系的祖代种猪。

配套系是数组专门化品系间的配套杂交，互补性强，杂种优势明显。同时，由于专门化品系的遗传纯度较高，因而商品猪的整齐度、产品规格化程度较好,从而有利于产业化发展,有利于"全进全出",有利于商品代群体达到高产要求。因此,配套系具有较高的商品价值,能带来显著的经济效益。

第二节 后备母猪精细化选留与选购

一、猪场母猪的群体构成

规模化猪场一般都有自己的繁殖体系,形成通常所说的核心群(育种群体)、繁殖群和生产群(商品群体)。但整个群体的大小则以生产群母猪数的多少来衡量。三者的关系大约应符合这样的比例:核心群:繁殖群:生产群=1:5:20。核心群规模的大小,除要考虑繁殖群所需的种猪数量外,品种选育的方向和进度是两个重要因素。规模化猪场通常较合理的胎龄结构比例见表1-1。

表1-1 规模猪场母猪胎龄比例

母猪胎次	1~2胎	3~6胎	7胎以上
比例(%)	25~35	60	10~15

随品种状况、饲养管理水平等因素的不同,群体结构会有所变化。如品种繁殖能力强、营养好、饲养管理水平高的猪场,高胎龄母猪可多留一些;母猪本身体况好、营养好及有效产仔胎数多的母猪也可多留作高胎龄母猪。

二、后备母猪的精细化选留标准

后备母猪是指从仔猪育成阶段结束到初次配种前的青年种用母猪。

(一)选留数量的确定

选留数量通常为:生产群数量×母猪淘汰率÷60%。选留原则:遵照本场生产育种的目标和标准。通常包括个体生产性能及系谱同胞鉴定的结果进行判断。

（二）选留时间

后备母猪的选留如果做得精细一些，可以进行 3 次选留。

第一次在断奶时，通过仔猪断奶转群转入保育舍时进行第一次选择。初次选留体况较好的小母猪作为后备母猪，乳头是否正常是此时选留的一个最重要的、也是最明显的标准。

第二次在 60 千克左右时，通过前一个生长时期的饲养，第一次选留时一些不明显的问题，此时会显示出来，应选择体况良好，乳房结实丰满、乳头整齐无缺陷，肢蹄正常的母猪作为后备母猪。

第三次在配种前后，再次淘汰以下几种情况的母猪：母性差的母猪，这类母猪一般发情不明显，乏情或不发情；体质差的母猪，例如有些母猪被冷水冲淋后浑身发抖、被毛竖立；有隐性感染的母猪，这些母猪一般生长缓慢，疫苗接种时疫苗反应强烈。

（三）选留体重

国内可出售的后备种猪体重一般为 50 千克左右。日龄相同但体重明显小于其他猪只的应予淘汰。选择群在 25 头以内的，出生日龄差别不应超过 17 天；选择群在 25 头以上的，日龄差别不应超过 25 天。一般选择的后备种猪日龄在 120 日龄内。这样方便回场后做隔离驯化以及疫苗接种工作，最大体重不要超过 70 千克为宜。

（四）后备母猪的选留标准

后备母猪的本场选留，是根据本场的繁育需要确定的，分为纯种繁育和杂交繁育。如果是商品性的规模猪场，还应根据本场的杂交组合来确定，通常以杂交一代母猪为主（如长大一代母猪或大长一代母猪）。

挑选后备母猪，首先要进行母体繁殖性状的选择和测定，要从具备本品种特征外貌（毛色、头形、耳形等）的母猪及仔猪中挑选，还需测定每头母猪每胎的产活仔数、壮仔数、窝断奶仔猪数、断奶窝重及年产仔胎数。因为这些性状确定时间较早，一般在仔猪断奶时即可确定，因此要首先考虑，为以后的挑选打下基础。

1. 母体繁殖性状

（1）生长速度　后备母猪应该从同窝或同期出生、生长最快的 50%~60% 的猪中选出。足够的生长速度提高了获得适当遗传进展的可能性。生长速度慢的母猪（同一批次）会耽搁初次配种的时间，也可能终身都会成为问题母猪。

（2）外貌特征　毛色和耳形符合品种特征，头面清秀、下额平滑；应注意体况正常，体型匀称，躯体前、中、后3部分过渡连接自然，结实度好，前躯宽深，后躯结实，肌肉紧凑，有充分的体长；被毛光泽度好、柔软、有韧性；皮肤有弹性、无皱纹、不过薄、不松弛；体质健康，性情活泼，对外界刺激反应敏捷；口、眼、鼻、生殖孔、排泄孔无异常排泄物粘连；无瞎眼、跛行、外伤；无脓肿、疤痕、无癣虱、疝气和异嗜癖。

从两侧看，鼻子和下额需平直，全身无脓包，鬃毛卷曲或不平整一般不作为种猪淘汰依据。身体腰背如有弓状、塌陷的，应予以淘汰；如有应激颤抖表现的也应予以淘汰。目前新法系大白及丹系种猪基本都有6.25%的梅山猪血统，所以母猪或者公猪身上有少量的铜钱大小的黑斑其实并非品种不纯，属于正常现象。

耳皱褶一般不作为淘汰依据。若两只耳朵都是皱褶或耳部已经感染的应予淘汰。

若咬耳不严重且耳部已愈合的猪只应选择。但是咬耳严重的，且为近期所咬的不予选择。

耳刺不清的猪，如果是原种场要纯繁，不要选择，因为种猪的谱系可能不清楚；如果挑选回来只是做杂交，则可以选择。

（3）躯体特征　①头部：面目清秀。②背部：胸宽而且要深，背线平直。③腰部：背腰平直，忌有弓形背或凹背的现象。④荐部：腰荐结合部要自然平顺。臀宽的母猪骨盆发达，产仔容易且产仔数多。⑤尾部：尾根要求大、粗且生长在较高及结构合理的位置上。母猪最佳的尾长为刚好能盖住阴户。尾长并不作为选择依据，无尾的猪可能看起来丑陋，可最大限度减少无尾猪只，但可作种用。另外，许多咬尾的猪即使是愈合后还表现出感染迹象。只有没有感染的咬尾猪才可被选择。

当凭借外貌体型来选择猪只后，再看其母性性状。

（4）乳头　乳头的数量和分布是判断母猪是否发育良好的评判标准。现代后备母猪理想有效乳头数应该在7对及7对以上，6对的猪只作为备选后备母猪，仅在配种目标达不到的情况下才会配种。乳头分布要均匀，间距匀称，发育良好。没有瞎乳头、凹陷乳头或内翻乳头，乳头所在位置没有过多的脂肪沉积，而且至少要有2~3对乳头分布在脐部以前且发育良好，因为前2~3对乳头的发育状况很大程度上决定了母猪的哺乳能力。

母猪的乳头分为5种类型：正常型、翻转型、扁平型、光滑型、钉子型。只有正常型和光滑型可作为有效乳头。

正常型：正常乳头为充分发育且无外组织损伤，分布均匀，大小一致，长度合理，钟状，可用手抓住而不从手指间滑掉。

翻转型：分为全部翻转和部分翻转。全部翻转通常为乳头贴在腹部且翻转到皮肤里面，形成凹陷型。用手抓时感觉像纤维状的扣子。这种类型应算为瞎乳头。部分翻转乳头外形有皱褶，其不如全部翻转严重，突出于腹部外且能找到其具体位置。

扁平型：外形扁平，主要影响前部乳头，第1和第2对最为明显的。它们主要是由于出生不久受到磨损引起。后部的乳头也应仔细检查。由于这种乳头的损伤为永久性的，所以视其为无效乳头。

光滑型：此类乳头在其周围有一个小环。如果乳头的顶部能清楚地看到从环状组织里突出来，应作为有效乳头。不确定时，应尽力用手指去抓乳头，若能抓住并能拉起，算作有效乳头；若滑过手指，则算作无效乳头。

(5) 外阴　包括肛门和生殖器。母猪的生殖器非常重要，是决定母猪人工授精和生产难易的关键。一般以阴户发育好且不上翘的为评判标准。小阴户、上翘阴户、受伤阴户或幼稚阴户不适合留作后备母猪，因为小阴户可能会给配种尤其是自然交配带来困难，或者在产房造成难产，上翘阴户可能会增加母猪感染子宫炎的概率，而受伤阴户即使伤口能恢复愈合，仍可能会在配种或分娩过程中造成伤疤撕裂，为生产带来困难，幼稚阴户多数是体内激素分泌不正常所致，这样的猪多数不能繁殖或繁殖性能很差。

仔细检查猪只的阴户，确保母猪有两个开口。有些猪只的肛门找不到，且有时能看到猪只从阴户大便，必须淘汰。

雌雄同体的猪一般很难检查到。一般是阴户向上翻起，腹下长一个小鞘，如果检查阴户内部，能同时发现一个小阴茎。这类猪应淘汰。

（6）肢蹄　后备母猪腿部状况是影响母猪使用年限的重要因素。因此后备母猪应腿部结构正常、坚实有力。要求四肢有合适的弯曲度，肢蹄粗壮、端正。母猪每年因运动问题导致的淘汰率高达20%～45%，运动问题包括一系列现象，如跛腿、骨折、后肢瘫痪、受伤、卧地综合征等。引起跛腿的原因有软骨病、烂蹄、传染性关节炎、溶骨病、骨折等。

肢蹄评分系统中，不可接受（1分）：存在严重结构问题，限制动物的配种能力；好（2～3分）：存在轻微的结构问题和/或行走问题；优秀（4～5分）；没有明显的结构或行走问题，包括趾大小均匀，步幅较大，跗关节弹性较好，系部支撑强，行走自如。上述肢蹄评分系统中，分数越高越好。蹄部关节结构良好是使母猪起立躺下，行走自如，站立自然，少患关节疾病和以后顺利配种的原始动力。

①前肢：前肢应无损伤，无关节肿胀，趾大小均匀，行走时步幅较大，弹性好的跗关节，有支撑强的系部。

②后肢：后肢站立时膝关节弯曲自然，避免严重的弯曲和跗关节的软弱，但从以往实际生产中的业绩看，对膝关节正常的猪，有"卧系"现象也可选用。

如果有以下几种典型问题之一的不可选为后备母猪。

①前腿弯曲：由于前腿弯曲或脚扁平，使猪走路时表现出"翻转"的趋势。

②后腿弱：后腿走姿呈"外八字"，通常是较大臀部的猪走路摇晃，且容易滑倒。

③走路姿态僵硬：通常是前腿有问题造成的。

④腿部结节：腿部结节中明显有积液，表明已被感染；结节发炎或红肿；结节过大或外观难看；结节上有空洞等情况应予以淘汰。

⑤脓包：通常出现在前腿中。若脓包柔软、红肿、形状比葡萄大时，应予淘汰。

⑥内侧小脚趾：尤其对后脚带来不便，猪走路时摇晃一般是由脚趾参差不齐引起的。

⑦ 前蹄悬垂：若前腿与蹄部结合不紧密，或出现塌蹄、悬蹄现象时，应淘汰。

（7）足　挑选后备母猪时，对足的要求应注意以下几个方面。

足的大小合适，位置合理；单个足趾尺寸（密切注意足内小足趾）适宜；检查蹄夹破裂、足垫膜磨损以及其他的外伤状况；腿的结构与足的形状、尺寸的适应程度；足趾尺寸分布均匀，足趾间分离岔开，没有多趾、并趾现象。关节肿胀、足趾损伤、悬蹄损伤、蹄夹过小、足夹尺寸过大、足夹断裂、足底垫膜损伤等，都是有问题的足。

（8）具有以下性状的猪也不能选作后备母猪　阴囊疝：俗称疝气；锁肛：肛门被皮肤所封闭而无肛门孔；隐睾：至少有一个睾丸没有从上代遗传过来；两性体：同时具有雌性（阴户）和雄性（阴茎）生殖器官；战栗：无法控制的抖动；八字腿：出生时，腿偏向两侧，动物不能用其后腿站立。

2. 审查母猪系谱

种猪的系谱要清楚，并符合所要引进品种的外貌特征。引种的同时，对引进种猪进行编号，可以根据猪的耳号和产仔记录找出母亲和父亲，并进一步找出系谱亲缘关系。同时要保证耳号和种猪编号对应。

3. 看断奶窝重和品种特征

仔猪在30~40日龄断奶时，将断奶窝重由大到小逐一排队，把断奶窝重大的当作第一次选留对象。凡外貌如毛色、头型等品种特性明显，发育良好，乳头总数在6对以上且排列整齐，没有瞎乳头、副乳的仔猪，肢蹄结实，无蹄裂和跛行；生殖器官发育良好，外阴较大且下垂等，均可作为第二次留种的标准。同一窝仔猪中，如发现个别有疝气（赫尔尼亚）、隐睾、副乳等遗传缺陷的仔猪，即使断奶窝重大，也不能从中选留。

4. 看后备母猪的生长发育和初情期

4月龄育成母猪表现为身体发育匀称、四肢健壮、中上等膘、毛色光泽。除有缺陷、发育不良或患病的仔猪外，如窄胸、扁肋、凹背、尖尻、不正姿势（X状后肢）、腿拐、副乳、阴户小或上撅、毛长而粗糙等不应选留外，其他健康的母猪均可留作种用。后备母猪达到第一个发情期的月龄叫初情期，同一品种（含一代母猪），初情期越早，母性越好。进入初情期，表明母猪的生殖器官发育良好，具备做后备母猪的条件。初情期在7月龄以上的母猪不应选留作后备种用。

5. 看母猪初产（第一次产仔）后的表现

初产母猪中乳房丰满、间隔明显、乳头不粘草屑、排乳时间长、温驯者宜留种；产后掉膘显著，怀孕时复膘迅速，增重快，哺乳期间食欲旺盛、消化吸收好的宜留种。对产仔头数少、泌乳性能差、护仔性能不好，有压死仔猪行为的母猪，坚决予以淘汰。

三、后备母猪的精细化选择

后备母猪须经多次选择，选择时期：断奶时、保育结束转栏时、4月龄、6月龄和初配前。

1. 断奶时选择

根据育种计划配种的种猪后代，在断奶时采用窝选，即在父母都是优良个体的相同条件下，从产仔数多、哺育率高、断奶个体体重大和断奶窝重大的窝中选留发育良好的仔猪，剔除有遗传缺陷（如雌雄同体、畸形、先天锁肛、疝气等）和不具有明显种用价值的个体，淘汰有疾病、生长发育受阻、体质弱小的仔猪。

2. 保育结束转栏时选择

保育结束时，继续采用窝选加个体选择，对保育期间显现出遗传疾患的猪应整窝剔除，对无遗传疾患的同窝仔猪根据个体表现，淘汰生长发育受阻、体质弱小的个体。

3. 4月龄选择

4月龄时，各组织器官已经有了一定的发育，优缺点开始呈现，此时主要根据体型外貌，生长发育情况，外生殖器官的好坏，乳头的数量、大小及分布均匀度，肢蹄健硕情况等进行选择，淘汰生长发育不良和有遗传缺陷的个体。

4. 6月龄选择

重点考察性成熟的表现，外生殖器官的发育好坏以及肢蹄的发育情况，淘汰过肥、过瘦、发育不正常、不符合品种特征的个体。

5. 配种前选择

后备公母猪在初配前进行最后一次挑选。淘汰个别生殖器官发育不良、性欲低下、精液品质差的后备公猪和发情周期不规律、发情征状不明显的后备母猪。

第三节　后备母猪的精细化饲养管理

后备母猪和商品肉猪的饲养目的不同，商品肉猪生长期短，追求的是快速生长和发达的肌肉组织，而后备母猪培育的是种用猪，不仅生长期长，而且还担负着周期性强、几乎没有间歇的繁殖任务。因此，必须根据猪的生长发育规律，在其生长发育的不同阶段，控制饲料类型、营养水平和饲喂量，改变其生长曲线和形式，加速或抑制猪体某些部位和器官组织的生长发育，使后备母猪具有发育良好、健壮的体格，发达且功能完善的消化、血液循环和生殖器官，结实的骨骼、适度的肌肉组织和脂肪组织。

一、后备母猪的培育目标

后备母猪的培育目标是：到 7~8 月龄，90% 以上的后备母猪能正常发情，第二次或第三次发情期体重达到 135~150 千克，P2 背膘厚为 18~22 毫米，且肢蹄、乳房、乳头及生殖系统无缺陷、无损伤，无泌尿生殖道感染。

二、后备母猪的精细化管理措施

1. 公母猪分开小群饲养

后备种猪刚转入后备培育舍时，公母猪要分开，并且按体重大小、强弱进行分群饲养，每个小群内猪只体重差异最好不要超过 2.5~4 千克，否则将会影响种猪的育成率。每头饲养面积不少于 2 米^2，饲养密度适当，以保证后备母猪的发育均匀和较好的整齐度。避免出现因饲养密度过大，影响生长发育，出现咬尾、咬耳等恶癖。

2. 良好生活习惯和适应性的调教与驯化

要加强对后备母猪的调教，让后备母猪从小就要养成在指定地点吃食、睡觉和排泄粪尿的良好生活习惯，以保持其后躯清洁，减少泌尿生殖道感染的机会；在后备母猪培育的后期，让其接触本场老母猪的新鲜粪便 1~2 个月，以适应本场微生物区系环境，保证健康。同样的，对外购的种用后备母猪，在规定的隔离观察期满（40 天以上）断定安全后，也用同样的方法进行驯化培育。

3. 适时调整猪群，及时转栏投产

为了保证后备母猪均衡发育，提高后备母猪的整齐度和育成率，要对转入后备培育舍的猪群适时进行调整，特别是要把那些在群体内受排挤、竞争力又差的猪单独隔离到事先留出的空栏舍内，单独饲养。当后备母猪培育到 7 月龄，体重达到 110~120 千克时，就可转入配种舍，单只单栏饲养，准备投产。

4. 保护好肢蹄

后备母猪要求体质健康，体格健壮，四肢灵活结实。在平时饲养管理工作中，一般采用带运动场的半开放式猪舍作为后备母猪的培育舍，并要加强对后备母猪的驱赶运动；也可以设置户外运动场，晴暖天气把猪赶进运动场活动。为了更好地保护肢蹄，可在猪舍地面和运动场上铺设软质垫料，加厚垫草，也可以直接使用生物发酵垫料饲养后备母猪。

5. 加强对后备母猪的保健、免疫和驱虫工作

在后备母猪转栏或混群前后 1 周，气候发生急剧变化，猪群存在重大疫情威胁或发生群体疾病风险等情况时，猪的应激性增强，须做好各种保健和免疫工作，可在饲料中有针对性的添加药物或具有抗应激作用的饲料添加剂。

后备母猪在培育过程中，特别是在参加配种前需要进行必要的免疫注射，预防猪瘟、伪狂犬病、口蹄疫以及蓝耳病、细小病毒病、乙型脑炎、圆环病毒感染等疫病的发生。每种疫苗根据抗体产生的时间需要注射 2 次，不同的疫苗注射时间间隔至少 1 周。同时，对后备母猪每半年要进行一次有针对性的抗体监测，以检测体内抗体水平，确保免疫的有效性。

在后备母猪转入后备舍或体重达到 80 千克时，要进行 1 次驱虫，此后每隔 1~2 个月驱虫一次。驱虫时，可在饲料中添加伊维菌素与

阿苯达唑的复方制剂（0.2%伊维菌素+10%阿苯达唑），每吨饲料添加1千克，连用7天。

6. 后备母猪的发情调教

后备母猪转入后备舍以后，就可以设法促进尽快发情。具体措施是：近距离接触成年母猪，观摩成年母猪交配过程，不间断地用成年、性欲旺盛的公猪轮番试情，每天2次，每次10~15分钟，直至观察到有反应为止。为了防止后备母猪被配种，试情时要加强监督，如果有条件，可以把后备母猪赶到公猪处，这样能更有效地促进后备母猪发情。同时，可以加强对后备母猪耳根、腹侧、乳房等敏感部位的按摩训练，这样既有利于以后的管理、免疫注射，还可促进乳房发育。

7. 后备母猪的配种

当后备母猪培育到220~240日龄、体重在135~150千克、背膘厚度达到18~22毫米、发情达到2次时就可以参加配种。需要特别注意的是，后备母猪的体成熟与性成熟是密不可分的。如果有些母猪的初情期早，而母猪的体重达不到130千克，需延迟到下一个情期再配，否则操之过急，体况不达标的母猪即使受孕，产仔数也不会高，而且容易出现难产，甚至产完一胎后因过于消瘦或难产而遭到淘汰。

8. 不合格后备母猪的淘汰

对培育过程中出现的病、弱、残母猪，经药物催情处理3次后仍未受孕的后备母猪，要及时淘汰。

三、后备母猪的环境控制

1. 后备母猪环境控制

后备母猪所处的圈舍环境要求干净卫生，干燥、温暖，无贼风。舍内温度要求保持在15~28℃，空气相对湿度不超过70%，否则容易患肢蹄病等，不利于母猪的健康。在高温季节，要特别注意防暑降温，加强通风散热。必要时用喷雾、水帘等来降低温度。高温对母猪繁殖性能的影响很大，必须高度重视。同样，低温对母猪的影响也很明显，需要做好防寒保暖工作。

2. 后备母猪光照控制

光照对猪的性成熟有明显影响，较长的光照时间可促进性腺系统发育，可提早性成熟；短光照，特别是持续黑暗，抑制性腺系统发育，可延迟性成熟。据有关资料报道，持续黑暗下的后备母猪性成熟较自然光照组延迟 16.3 天，比 12 小时光照组延迟 39 天。每天 15 小时（300 勒克斯）光照较秋冬自然光照下培育的后备母猪性成熟提早 20 天。

光照强度的变化对猪性成熟的影响也十分显著，但要达到一定的阈值。研究证明，在光照强度不足时，延长光照时间对后备母猪性成熟无显著影响。进一步研究证明，同样接受 18 小时光照，光照强度 45~60 勒克斯较 10 勒克斯光照下的小母猪生长发育迅速，性成熟提早 30~45 天。

建议后备种猪培育期间光照时间每天不少于 14 小时，光照强度 100~150 勒克斯。配种前的后备母猪光照时间应延长到每天 16 小时，光照强度提高到 350 勒克斯。

四、引种外购后备母猪的精细化管理

（一）引种外购后备母猪的挑选与运输

1. 可靠的良种种源

外购后备母猪，要在经过国家鉴定验收并持有种猪生产经营许可证，繁殖群体规模大，技术力量强，管理严格，基础设施完备，信誉度好，没有疫情发生的种猪扩繁场引猪。

2. 最佳月龄和体重

选择后备母猪在 4~5 月龄、体重在 60~70 千克时进行。此阶段猪生长发育、体型外貌、生殖器官等基本定型，易于外观选择，距离配种月龄还有 2~3 个月，有充足时间隔离观察，接种免疫加强培育。

3. 体质、体况的选择

选择身体发育匀称，躯体前、中、后 3 部分过渡连接自然，四肢健壮，中上等膘情；毛色光泽，柔软，有韧性；对外界反应刺激灵敏；天然孔无异常排泄物和粘连；无瞎眼、跛行、外伤；无脓肿、疤痕、疝气等。

4. 与繁殖力有关表现性状的选择

应选择乳房发育良好，排列整齐匀称、左右间隔适当宽，有效乳头 7~8 对，无假乳头、瘪乳头；脊背平直且宽、肌肉充实；四肢坚实直立，无卧；臀部宽、平、长，微倾斜；腹成平，略呈弧形，不易太下垂，有弹性而不松弛，阴户大而不上撅，不具以上特征不选。

5. 种猪系谱卡片

查对填写项目是否完整，详细了解饲料品种、饲喂方法、接种免疫及驱虫情况，以备制订免疫计划和日粮组成。

6. 运输

要做好人员、运输车辆安排，运输车辆严格消毒，预防病原传播，注意避开风、雨、雪等恶劣天气，冬季、早春选择气温较高的白天运输，同时注意防风；夏季选择早晚运输，防日射病和热射病，同时注意密度和防滑。猪不宜吃得太饱，也不宜空腹，卸车时让猪自然下车，不宜大声强制驱赶。

（二）外购后备母猪进场及并群

1. 注意先隔离

新引进的种猪，应先饲养在隔离舍，而不能直接转进猪场生产区，避免带来新的疫病或者由不同菌（毒）株引发相同的疾病。种猪到场后必须在隔离舍隔离饲养 30~45 天，严格检疫。对布鲁氏杆菌、伪狂犬病等疫病要特别重视，须采血经有关兽医检疫部门检测，确认为没有细菌和病毒野毒感染，并监测猪瘟等抗体情况。隔离期结束后，对该批种猪进行体表消毒，再转入生产区投入正常生产。

2. 注意消毒和分群

种猪到达目的地后，立即对卸猪台、车辆、猪体及卸车周围地面进行消毒，然后将种猪卸下，按大小、公母进行分群饲养，有损伤、脱肛等情况的种猪应立即隔开单栏饲养，并及时治疗处理。

3. 注意加强管理

先给种猪提供饮水，休息 6~12 小时后方可少量喂料，第 2 天开始可逐渐增加饲喂量，5 天后才恢复到正常饲喂量。种猪到场后的前 2 周，由于疲劳加上环境的变化，抵抗力降低，饲养管理上应尽量减少应激，可在饲料中添加抗生素和电解质多维，使其尽快恢复到正常状态。

4. 注意运动锻炼

种猪体重达 90 千克以后，要保证每头种猪每天 2 小时的自由运动（赶到运动场），提高其体质，促进发情。

（三）解决隔离期内种猪免疫与保健方面的问题

1. 制定免疫程序

参考目标猪场的免疫程序及所引进种猪的免疫记录，根据本场的免疫程序制定适合隔离猪群的科学免疫程序。

2. 猪瘟免疫

如果所引进种猪的猪瘟疫苗免疫记录不明或经监测猪群的猪瘟抗体水平不高或不整齐，应立即全群补注猪瘟脾淋苗。如果猪瘟先前免疫效果确实，可按新制定的本场免疫程序进行免疫。

3. 蓝耳病的病原检测

重点做好蓝耳病的病原检测，而对于国家强制免疫的疫苗要按国家规定执行（如口蹄疫、某些地方的猪链球菌病等）。

4. 做好呼吸道疾病的免疫

结合本地区及本场呼吸系统疾病流行情况，做好针对呼吸系统传染病的疫苗接种工作，如喘气病疫苗、传染性胸膜肺炎疫苗等。

5. 繁殖障碍病的防控

对于 7 月龄的后备猪，在此期间可做一些引起繁殖障碍疾病的预防注射，如细小病毒、乙型脑炎等。

6. 全面驱虫

种猪在隔离期内，接种完各种疫苗后，应用广谱驱虫剂进行全面驱虫，使其能充分发挥生长潜能。

（四）引种外购后备母猪疾病风险的控制

每个猪群都可能是一个相对独立的致病性微生物的复合体，每个猪群的机体免疫水平或保护性抗体的滴度也各不相同，每当引进新的种群时，就有可能引进一个新的病原复合体，一旦猪群处于应激状态时，就可能发生疾病。所以，猪场在引进一个新的种群时，进行隔离很有必要。

1. 隔离

隔离是将新引进的种猪饲养在远离自有猪群区域的措施。

隔离措施可以降低新引进种猪时引进新的经济影响性病原的可能性（保护自有猪群，表现出经济影响性的病原微生物不是外来的，是原有平衡状态被破坏后所呈现出来的），保护本场内猪群的健康，免受外来猪群携带病原微生物的侵入，降低疾病和经济损失风险。

2. 隔离原理

① 每个猪群，无论健康状况如何，都是病毒和细菌的携带体，在应激情况下，这些病原即可致病。

② 病原的种类和数量，因猪群不同而不同。

③ 机体的免疫状态或抗体水平，也因猪群及所接触病原的强度不同而不同。

④ 为了维持原有猪群的稳定生产，引种计划要周全。

3. 措施

（1）尽可能让新引进种猪和自有猪群之间没有接触，具体包括如下几个方面

① 隔离舍经过清洗消毒后，至少应有 2 周的空置期（室内温度低于 5℃时，空置期应不少于 4 周）。

② 理想状态下，新引进种猪应饲养在距离自有猪群直线距离 100 米以外的区域。饲养密度以 2 米²/头为宜。引种后至少应有 2 周的隔离时间（一般 4 周比较理想）。

③ 最低要求新引进种猪饲养区域和自有猪群之间至少有一道完全阻隔的实心墙，在此状况下，新引进种猪的邻居最好是即将出售的育肥猪（若有问题时，可及时处理新引进的种猪和疑似被感染的育肥猪）。

④ 专用的隔离舍、生产工具以及饲养人员（此饲养人员最好具备兽医临床经验），避免隔离期间物资、人员的交叉。

⑤ 隔离舍的排泄物不允许流向自有猪群的猪舍。或者，采用集中处理隔离舍内的粪污，并对这些粪污进行烧碱消毒。

（2）在饲料中或者饮水中添加常规预防量抗生素、功能性添加剂等以增强机体抵抗力

（3）每日对新引进的种猪进行临床观察并记录异常状况

（4）采样并对关注的经济影响性病原进行监测 隔离期内，依据临床观察或者检测结果，迅速决定如何处理这些新引进的种猪，避免外源性病原对自有猪群造成严重的健康冲击。

4. 隔离期

建议使用 2 周观察期，一般 4 周比较理想。

5. 注意事项

① 隔离期内一般不接种疫苗。

② 对每一批到达的种猪均需要进行隔离，即使是来自同一供种场。

③ 最大限度地避免不同生产区饲养员的接触，杜绝不同饲养区的饲养员交叉接触不同区域的种猪。种猪引进后的最初 2 周，禁止与其他猪接触。

④ 饲养员进舍前，要更衣换鞋并严格消毒，隔离舍内的器械要专用。

⑤ 及时填写饲养记录，包括猪号、饲料用量、饮水量、猪群健康状况、保健或治疗所用药物及效果，免疫情况等。若发病治疗效果不佳或无效，请与供种猪场及时联系。

五、后备母猪不发情的精细化管理

（一）预防后备母猪不发情的措施

1. 适当运用公猪接触的方法来诱导发情

应在 160 天以后就要有计划地让母猪与公猪接触来诱导其发情，每天接触 1~2 小时，用不同公猪多次刺激比同一头公猪效果更好。

2. 建立并完善发情档案

后备母猪在 160 日龄以后，需要每天到栏内用压背结合外阴检查法来检查其发情情况。对发情母猪要建立发情记录，为将来的配种做准备，还可对不发情的后备母猪做到早发现、早处理。

3. 加强运动

利用专门的运动场，每周至少在运动场自由活动 1 天，6 月龄以上母猪每次运动应放 1 头公猪，但同时防止偷配。

4. 采取适当的应激措施

适度的应激可以提高机体的兴奋，具体措施有：将没发过情的后备母猪每星期调 1 次栏，使其与不同的公猪接触，使母猪经常处于一种应激状态，以促进发情的启动与排卵，有必要时可赶公猪进栏追逐 10~20 分钟。

5. 完善催情补饲工作

从 7 月龄开始根据母猪发情情况认真划分发情区和非发情区，将 1 周内发情的后备母猪归于一栏或几栏，限饲 7~10 天，日喂 2 千克/头；优饲 10~14 天，日喂 3.0 千克/头以上，直至发情、配种，配种后日料量立即降到 1.8~2.2 千克/头。这样做有利于提高初产母猪的排卵数。

6. 做好疾病防治工作

猪场应该认认真真地做好各类疾病的预防工作，做到"预防为主，防治结合，防重于治"，平时抓好消毒，搞好卫生，尤其是后备母猪发情期的卫生，减少子宫内膜炎的发生率；按照科学的免疫程序扎扎实实地打好各种疫苗，定期地针对种猪群的具体情况拟订详细的保健方案，对于兽医的治疗方案应该不折不扣地执行好。

7. 抓好防暑降温工作

常用的防暑降温措施有如下几种。

（1）遮阳隔热　搭建凉棚或搭遮阳网，有效地遮挡阳光照射。

（2）通风　加强通风换气，排出有害气体。如果单靠开门窗通风效果不好，可采取机械通风，安装风扇或送风机。

（3）喷（洒）水　蒸发降温是最有效的方法，舍温过高时可用胶管或喷雾器定时向猪体和屋顶喷水降温或人工洒水降温。气温在 30℃以上应经常给母猪多冲水。

（4）温帘风机降温　空气越干燥，温度越高经过湿帘的空气降温幅度越大，效果越显著。

(二) 后备母猪不发情的三阶段处理法

1. 第一阶段 (6.5~7.5 月龄)

(1) 公猪的刺激　性欲好的成年公猪作用更大。具体做法如下：① 将待配的后备母猪养在邻近公猪的栏中；② 让成年公猪在后备母猪栏中追逐 10~20 分钟，使公母猪有直接的身体接触。追逐的时间要适宜，时间过长，既对母猪造成太大的伤害，也使得公猪对以后的配种丧失兴趣。

(2) 发情母猪的刺激　调一些刚断奶的母猪与久不发情的母猪关于一栏，几天后发情母猪将不断追逐爬跨不发情的母猪。

(3) 适当的应激措施　① 混栏，每栏放 5 头左右，要求体况及体重相近，打斗时才会势均力敌；② 运动，一般放到专用的运动场，有时间可做适当的驱赶；③ 饥饿催情，对于偏肥的母猪可以限料 3~7 天，日喂 1 千克/头左右，充足饮水，然后自由采食；④ 场内车辆运输也有效，但应注意时间的长短，防止肢蹄的损伤。

2. 第二阶段 (7.5~8 月龄)

(1) 采用输死精综合的处理方案　① 死精制作。普通精液或活力不好的精液经专用稀释液稀释后 (按每头份 40 亿精子、100 毫升/瓶来包装，抗生素适当加大剂量) 加入 2 滴非氧化性的消毒水将精子全部杀死 (也可用冰冻再解冻的方法)；② 输死精操作。输精前在精液中加入 20 单位的缩宫素；③ 输完死精后前 3 天放定位栏饲养，限制采食，2 千克/天，3 天后放入运动场充分运动 (天气热时，早晚各 1 次，半小时/天)，同时放入 1 头公猪追赶；④ 运动后赶进配种舍大栏，进行催情补饲 (自由采食)，同时在饲料中添加营养剂 (如维生素 E 粉或胺基维他) 及抗菌消炎药 (如利高霉素)；⑤ 输完死精后一般于 5~15 天开始发情。

(2) 注意事项　① 在发情过程中，有部分母猪由于种种原因而导致发情状态差或没出现"静立"状态，这些母猪只有根据母猪外阴的肿胀程度、颜色、黏液粘稠进行适时输精，同时在输精前 1 小时注射氯前列烯醇 2 毫升 (或促排 3 号)，输精前 5 分钟注射催产素 2 毫升；② 如果输完死精后发情配种的后备母猪在配种后出现流脓较多的炎症状态时，应在配种后 3 天内注射抗生素治疗，并加注氯前列烯醇 2 毫升，可提高母猪的受胎率和分娩率。

3. 第三阶段（8~9 月龄）

激素催情。生殖激素贫乏是导致母猪不能正常发情的一个重要原因，给不发情的后备母猪注射外源性激素可起到明显的催情效果。

在上述方法都采用了之后，仍然不发情的少量母猪最后可使用该方法处理 1~2 次，还不发情的作淘汰处理。常用的处理方法有以下这些：① 氯前列烯醇 2 毫升；② 律胎素 2 毫升；③ PMSG 1 000 单位、HCG 500 单位；④ PG 600 处理 1 次，1 头份。

六、空怀母猪的精细化管理

空怀母猪指未配种或配种未孕的母猪，包括青年后备母猪和经产母猪（返情、流产、空怀、断奶、超期未配等）。带仔母猪断奶到再次配种这段时间为空怀期，一般经 7~10 天母猪就会发情。

（一）两种类型空怀母猪的生理特点

空怀母猪有两种类型，这两种空怀母猪的生理特点没有一点共同之处，一种是经过较长时间的哺乳期，由于强烈泌乳使得体重减轻较多，体况膘情较差的母猪；另一种是在哺乳期由于带仔猪较少，或因母猪无奶、少奶而未经过哺乳的母猪，其体况由于没有经过哺乳期泌乳的消耗而体况较好，甚至有些过肥的母猪。

第一类空怀母猪由于体质较瘦弱，往往会影响体内的正常生理活动和正常生殖激素的分泌，使得母猪卵巢中卵泡不能正常生长发育而影响发情排卵，也就不能完成正常的配种受胎的任务；即使有些瘦弱空怀母猪能够发情配种，但因排卵少或排出卵子活力不强，会造成产仔较少或仔猪瘦小甚至畸形。

另一类比较肥胖的空怀母猪，由于在体内沉积了较多的脂肪，尤其是母猪卵巢附近沉积了很多脂肪，也会影响母猪正常的生理机能和卵巢的代谢活动，从而影响母猪的正常发情配种。

实践证明，过于肥胖的母猪往往不发情或排卵数过少而造成产仔猪较少，或是胎儿在胚胎期容易死亡而被母体吸收，为了使空怀母猪能够及时发情配种，对较瘦弱母猪应加强饲养使其尽快恢复体况，对过肥母猪应适当控制饲养或加强运动，使其尽快减肥。

（二）空怀母猪的精细化饲养管理

良好的饲养管理，可促进空怀母猪如期发情排卵，提高受胎率。

1. 空怀母猪的管理目标

后备母猪达到两性成熟，及时配种，配种率达80%以上。经产母猪适时发情、不返情、多产仔（年产仔猪为24头以上）。断奶后3~7天内配种，配种率达到85%以上。

2. 存在的问题

断奶后不发情或异常发情的母猪较多，配种率低，母猪利用率低。

3. 空怀母猪的管理和保健技术要点

（1）短期优饲 根据同期胎次膘情体型大小，每4~5头放置1栏。在配种前对空怀母猪进行短期优饲，不能减少断奶母猪的采食量，以提高母猪排卵。

（2）饲喂 如果哺乳期母猪饲养管理得当、无疾病，膘情也适中，大多数在断奶后3~7天就可正常发情配种，但在实际生产中常会有多种因素造成断奶母猪不能及时发情，具体如下。

① 如有的母猪是因哺乳期奶少、带仔少、食欲好，贪睡，断奶时膘情过好，断奶前几天仍分泌相当多乳汁。为防止断奶后母猪患乳房炎，促使断奶母猪干奶，则在母猪断奶前和断奶后各3天减少饲喂量，可多补给一些青粗饲料。3天后视膘情仍过好的母猪，应继续减料，可日喂1.8~2.0千克，控制膘情，催其发情。

② 有的猪却因带仔多、哺乳期长、采食少、营养不良等，造成母猪断奶时失重过大，膘情过差。为促进断奶母猪的尽快发情排卵，缩短断奶至发情时间间隔，则需生产中给予短期的饲喂调整。膘情差的母猪，通常不会因饲喂问题发生乳房炎，所以在断奶前和断奶后几天不必减料饲喂（可使用哺乳母猪料），断奶后可以开始适当加料催情，避免母猪因过瘦而推迟发情。给断奶空怀母猪的短期优饲催情，要增加母猪的采食量，每日饲喂配合饲料2.2~3.5千克，日喂2~3次，湿喂。

（3）诱情

① 促进断奶空怀母猪的运动。将断奶空怀母猪小群圈养，4~5

头可为 1 圈，每圈面积不能过小，最好带有室外运动场地。

② 保持与公猪的接触。若圈舍为栏杆式，可在相邻舍饲养公猪，让母猪接受公猪性味刺激，隔栏的公猪可以每周调换一次。若圈舍为实体墙壁式，则每日将公猪赶到母猪圈内，接触爬跨刺激数分钟。

③ 换圈。即将整圈的断奶空怀母猪 1 周左右换一次圈，给予环境刺激。并按断奶时母猪膘情，将膘情好的和膘情差的分开饲养，一个圈内的母猪不宜过多，一般为 3~5 头，以便饲喂控制和发情观察。

④ 按摩乳房。对不发情母猪，每天早晨按摩乳房 10 分钟，可促进其发情排卵。

⑤ 药物治疗。对不发情母猪利用孕马血清、绒毛膜促性腺激素、PG 600、雌激素、氯前列烯醇等治疗（按说明书使用），有促进母猪发情排卵的效果，如以上方式都无效，此母猪坚决淘汰。

（4）发情及配种时机　母猪达到性成熟后，即会出现固有的性活动周期，亦称发情周期。通常把上次发情到下一次发情的间隔时间称为发情周期。母猪的发情周期平均为 21 天，范围为 19~24 天。在这个周期中有发情期和休情期。从发情前期到发情后期，总称为发情期。母猪的发情期，因个体不同而异，最短的只有 1 天，最长的 6~7 天，一般为 3~4 天。青年母猪的发情期较经产母猪的短。

① 发情征状。根据母猪的表现和生殖器官变化，可分为 3 个阶段。

发情前期：母猪表现不安，食欲减退，鸣叫，爬跨其他母猪，外阴部膨大，阴道黏膜呈淡红色，但不接受公猪爬跨，此期持续 12~36 小时。

发情中期：母猪继续表现不安，食欲严重减退或废绝，时而呆立，两耳颤动，时而追随爬跨其他母猪，外阴部肿大，阴道黏膜呈深红色，黏液稀薄透明，愿意接受公猪爬跨和交配。此期持续 6~36 小时，为输精的最佳时期。

发情后期：母猪趋于稳定，外阴部开始收缩，阴道黏膜呈淡紫色，黏液浓稠，不愿接受公猪爬跨，此期持续 12~24 小时。

② 配种时机。一般母猪发情后 24~36 小时开始排卵，排卵持续时间为 10~15 小时，排出的卵保持受精能力的时间为 8~12 小时。精

子在母猪生殖器官内保持有受精能力的时间为 10~20 小时，配种后精子到达受精部位（输卵管壶腹部）所需的时间为 2~3 小时。据此计算，适宜的交配或输精时间是在母猪发情后 20~30 小时。交配过早，当卵子排出时，精子已丧失受精能力；交配过晚，当精子进入母猪生殖道内，卵子已失去受精能力，两者都会影响受胎率，即使受精也可能因结合子活力不强而中途死亡。但在生产实践中一般无法掌握发情和能够接受公猪爬跨的确切时间。

所以在生产实践中，只要母猪可以接受公猪爬跨（可用压背反射或公猪试情），即配第 1 次。第 1 次配种后经 12~20 小时，再配第 2 次。一般一个发情期内配种两次即可，更多交配并不能增加产仔数，甚至有副作用，关键要掌握好配种的适宜时间。为准确判断适宜配种时间，应每天早、晚两次利用试情公猪对待配母猪进行试情（或压背反射）。就品种而言，本地猪发情后宜晚配（发情持续期长），引进品种发情后宜早配（发情持续期短），杂种猪居中间。就母猪年龄而言，老配早，小配晚，不老不小配中间。

在生产实际中，往往很难确定母猪发情开始的时间，只能根据母猪的发情表现决定配种时机。母猪的排卵时间有早有迟，持续时间有长有短，为了确保卵子排出时有足够数量活力的精子受精，母猪在一个发情期内，最好用公猪配种 2 次。经产母猪每次配种的时间间隔，为 24 小时，而青年母猪，因为发情较经产母猪短，每次配种的时间间隔可缩短为 12 小时。

③ 配种方式。要按计划配种，做好适时配种工作。把握配种时间，一般交配时间以早晨 6 点和下午 6 点为宜。配种开始前，要用消毒液洗母猪外阴和公猪包皮，再用水冲洗干净后进行交配。重复配种方式最佳：母猪在一个发情期内，用 1 头或 2 头公猪，或 1 头公猪 1 次加人工授精 1 次，相隔 12 或 24 小时先后配种 2 次。

（5）配种记录 做好返情母猪再发情配种工作，并要做好详细的配种记录。及时淘汰失去种用价值的母猪。

（6）保健 此阶段可做猪瘟疫苗的防疫；阿苯达唑、伊维菌素驱虫；盐酸林可霉素可溶性粉净化母体，为怀孕做准备。

七、后备母猪的发情记录

(一) 后备母猪发情管理方面存在的问题

1. 后备母猪超过体重、月龄不发情

一般对于常见的大长或长大二元母猪，在体重 100 千克左右，年龄在 6 月龄左右会出现首次发情。

2. 后备母猪的难产比例高

对于难产母猪的助产会对产道伤害很大，往往直接导致子宫内膜炎、习惯性难产等问题的出现。

3. 后备母猪断奶后不能正常进入发情周期

这也是一个普遍存在的问题，经过国内外多年的研究发现，其中主要的因素还是初产母猪的营养问题。

4. 缺乏后备母猪发情记录

由于没有后备母猪发情记录，使得后备母猪在配种前两周规定的"催情补饲"这项工作没有时间依据，而导致后备母猪的产仔潜力不能充分发挥出来。

5. 肢蹄问题

后备母猪较经产母猪更容易出现肢蹄问题。

(二) 后备母猪出现发情问题的原因

以上问题出现的原因，归纳起来就是猪场的生产管理人员没有深刻了解后备母猪包括生殖系统在内的身体生长发育，以及妊娠哺乳生产需要的特殊营养和饲养需求，而采取有别于经产母猪的饲养管理措施。具体的原因和相关的处理方式已有很多文章进行论述和总结，在这里仅就"发情记录"对于解决后备母猪出现上述问题的重要作用进行阐述。

关于初产母猪超过体重、超过月龄不发情。根据笔者的多年服务经验认为，由于卵巢功能的先天障碍而导致的初产母猪不出现发情的情况数量极少。

在生产中，引种后后备母猪的配种率达到 95% 以上的不在少数，当然后备母猪的配种率低于 80% 的也大有所在。这其中有由于饲养管理人员缺乏鉴别后备母猪发情相关经验（后备母猪的发情模式与经产母猪不完全相同），缺乏后备母猪的饲养管理知识（后备母猪在饲料营养要求、优饲及限饲的饲喂方案、公猪诱情制度等方面有不同于经产母猪的特殊要求）而导致母猪卵巢功能不能充分发育的因素；也有由于饲养人员责任心和劳动积极性不强，而管理人员又疏于管理的原因。

这种情况下，建立起"后备母猪的发情记录"，并严格地监督执行，将会起到统领起各种因素和相关措施执行的作用，有效地监督并保证后备母猪在正确的饲养管理条件下逐步达到配种的生理和体重要求。

关于后备母猪断奶后不能正常进入发情周期，后备母猪难产比例较高，较经产母猪更容易出现肢蹄问题，也是由于不能正确掌握后备母猪要求的初配月龄和初配体重，以及这两个要素相互协调的关系，导致在低于后备母猪体成熟和性成熟要求的情况下配种所致。

（三）如何使用后备母猪发情记录表

通常，外来二元后备母猪的初配月龄不能低于 7 个半月，初配体重达到 130 千克以上，后备母猪的第 3 个情期配种。下面将就如何填写并使用"后备母猪的发情记录表"来解决以上问题作一论述。

1. 并栏

后备母猪在购入或选定后，经过隔离舍的饲养和净化，大约 70 千克左右转入配种舍中的专用后备母猪饲养大栏，根据体重相近的原则，5~6 头关入 1 栏，栏舍面积在 9 米^2 左右；以后每 20 天左右，根据体重的变化分离，重新并栏调栏。许多猪场没有这样做，有些是因为没有意识到为了调整群体一致性而并栏、调栏、分栏的意义，也有些猪场是担心并栏后母猪的打架应激。并栏调栏时，要注意"栏号"随母猪及时变更。

2. 首次发情

外来二元后备母猪一般在 6 月龄左右、体重 100 千克左右出现首次发情症状。在这个阶段前就要每日开展有效的公猪诱情工作。

① 诱情公猪不同于采精配种公猪，很多猪场都忽视了这点，把采精配种公猪作为诱情和查情公猪。诱情公猪要求具有良好的"交谈"习惯，沉稳的性情，像"缉毒犬"般的甄别出发情母猪的能力；

② 诱情时要将公猪赶到母猪栏中，达到一定时间的有效刺激（栏中的母猪过多、栏舍面积过小都不利于公猪的诱情），而不是仅仅像对经产和妊娠母猪"查情"那样，让公猪在母猪栏外跑一圈。同时要注意这个阶段后备母猪的细微变化。

③ 与经产母猪以及本地品种相比，外来二元后备母猪的发情征状轻微，征状持续和背压静立时间都很短。发情的鉴别主要是通过阴户的红肿变化来确定的，具体的来讲就是后备母猪的阴户红肿较经产母猪更为显著，在红肿消退的转折时刻就可以确定为其发情时刻。

3. 第二次发情时间的确定和填写

后备母猪在没有配种受孕时基本符合 21 天左右的发情周期规律。在确定了后备母猪的第一发情时间后，有针对性地在其后 20 天左右的时间段，再次密切关注这些猪的性情及内分泌变化情况，以确定它们是否还处于正常的发情周期中。对于那些没有出现发情迹象或迹象不明显的后备母猪，要采用包括公猪诱情在内的多手段（如体重体况的调整、并栏调栏的刺激、饥饿运动的刺激、补充添加维生素 A 和维生素 E 等）措施。

4. 着手配种工作

在确定了后备母猪经过了两次发情周期后，就可以着手准备后备母猪的配种工作，这些工作包括配种前 14 天的短期优饲，配种前 7 天的减料饲喂等。后备母猪的配种要注意，除了前面讲的发情模式外，其配种模式也与经产母猪有很多不同，例如对于后备母猪要在观察到静立或背压静立反应后立刻开始配种，不要迟疑；如果配种时后备母猪不能稳定，也要设法完成配种；后备母猪较常出现精液倒流；往往不能持续到第 3 次配种等。

八、母猪的淘汰与更新

保持母猪合理的胎次结构，有利于保持产仔均衡，使设备最大化地发挥作用，不因产仔忽多忽少，造成设备空闲或者不够用。

（一）胎次结构

一般情况下，胎次一般是 2、3、4、5 的母猪占大多数，可达到 50%~60%，甚至更高，这样可以保持较高的产仔率。正常情况下猪场母猪的平均胎次是 4 胎，如果平均胎次较低，说明低胎次的母猪较多，不利于生产达到最佳状态；如果平均胎次较高，说明高胎次的母猪较多，生产的后劲不足，影响以后生产的正常进行。

（二）淘汰率

母猪一般是 3 年更新一遍，也就是说每年的更新率在 30% 左右，太高会影响整个猪场的经济效益，毕竟淘汰母猪会增加成本；太低会使猪场的繁殖后劲不足，设备利用率不高，同样也会影响猪场的经济效益。

更新母猪也要考虑市场情况，如果市场形势不好，肉猪的卖价较低，此时种猪的卖价可能不会太高，可以适当地多淘汰一些生产性能不太好的母猪，淘汰 1 头经产母猪，可以补充 1 头后备母猪，从长远利益考虑是划算的。

（三）淘汰母猪的原则

首先要淘汰连续 2 个胎次产仔少的母猪，但初次配种体重太轻，妊娠期过度喂饲，哺乳期失重过多，导致断奶、体况差等母猪不应包括在内。

其次应淘汰那些用激素处理都不发情的母猪。母猪在断奶后最多观察 18 天，激素处理后应观察 7 天。如果这些母猪到下个发情期仍配不上种，则应淘汰。

最后要淘汰已产 6~7 窝仔的母猪，因为它们通常已开始出现窝产活仔数少（主要是因为死胎数增加），仔猪大小不均，且乳房疾病较多，泌乳功能减退，哺乳成绩较差，还由于身体笨拙，容易压死仔猪等现象。

第二章　母猪配种的精细化管理

第一节　母猪的生殖生理特点

一、母猪的生殖系统

（一）母猪的主要生殖器官与功能

母猪生殖系统主要由卵巢、输卵管和子宫等器官组成。

1. 卵巢

卵巢是母猪主要生殖器官。其位置、形态、结构、体积随猪的年龄和胎次有很大变化，主要功能是产生卵子和分泌雌性激素。初生小母猪卵巢形状似肾形，色红，一般左侧稍大。接近初情期时，卵巢体积逐渐增大，其表面有许多突出的小卵泡，形似桑葚，也称桑椹期。初情期后，卵巢表面有许多大小不同的卵泡突出表面，此时卵巢形状犹如一串葡萄。卵子发育经过初级卵泡—次级卵泡—成熟卵泡等阶段，成熟后卵泡破裂排出卵子，进入输卵管伞到输卵管。

2. 输卵管

输卵管长度 15~30 厘米，位于输卵管系膜内，是卵子受精和卵子进入子宫的必经通道。它可分为漏斗、壶部和狭部。输卵管的卵巢端扩大呈漏斗状，漏斗边缘有很多皱褶叫输卵管伞，输卵管其余部分较细叫狭部。输卵管前 1/3 段较粗称为壶腹，是精子和卵子结合受精处。受精卵主要依靠纤毛的颤动和管壁收缩活动才能到达子宫。精子在输卵管内获得能量。输卵管的分泌细胞在卵巢激素的影响下，在不同生理阶段，分泌量有很大变化，如在发情 24 小时内可分泌 5~6 毫升输卵管液，在不发情时仅分泌 1~3 毫升。

输卵管液既是精子和卵子的运载液体，又是受精卵的营养液。

输卵管的机能主要是承受并运送精子，是精子获能、受精以及卵裂的场所，还有一定的分泌机能。

3. 子宫

猪的子宫由子宫角（左右两个）、子宫体和子宫颈 3 部分组成。子宫角长度为 1~1.5 厘米，宽度为 1.5~3 厘米，子宫角长而弯曲，管壁较厚。子宫颈长达 10~18 厘米，其内壁呈半月形突起，前后两端突起较小，中间较大，并彼此交错排列，因此在两排突起之间形成一个弯曲的通道。此通道恰好与公猪的阴茎前端螺旋状扭曲相适应。子宫颈与阴道之间没有明显界限，而是由子宫颈逐步过渡到阴道。当母猪发情时，子宫颈口括约肌松弛、开放，所以无论本交时的阴茎，或者给母猪输精时的输精管都很容易通过子宫颈到达子宫体，精子通过子宫体-子宫角-输卵管才有受精机会，否则就不可能受精怀孕。

二、母猪的性成熟与体成熟

（一）性成熟

母猪生长发育到一定时期开始产生成熟的卵子，这一时期称为性成熟。地方猪品种一般在 3 月龄出现第一次发情，培育品种及杂种猪多在 5 月龄时出现第一次发情，但发情表现没有地方品种明显。在正常的饲养管理条件下，我国地方猪种性成熟早，一般在 3~4 月龄、体重 25~30 千克时性成熟，培育品种和国外引进猪种一般在 6~7 月龄，体重在 65~70 千克时性成熟。

（二）体成熟

猪的身体各器官系统基本发育成熟，体重达到成年体重的 70% 左右，这时称为体成熟。体成熟一般要比性成熟晚 1~2 个月。

三、初情期和适配年龄

（一）初情期

初情期是指正常的青年母猪达到第一次发情排卵时的月龄。

母猪的初情期一般为 5~8 月龄，平均为 7 个月龄，但我国的一些地方品种可以早到 3 月龄。母猪达初情期已经初步具备了繁殖力，但由于下丘脑-垂体-性腺轴的反馈系统不够稳定，表现为初情期后的几个发情周期往往时间变化较大，同时母猪身体发育还未成熟，体重为成熟体重的60%~70%，如果此时配种，可能会导致母体负担加重，不仅窝产仔少，初生重低，同时还可能影响母猪今后的繁殖。因此，不应在此时配种。

影响母猪初情期到来的因素有很多，但最主要的有两个：一个是遗传因素，主要表现在品种上，一般体形较小的品种较体形大的品种到达初情期的年龄早；近交推迟初情期，而杂交则提早初情期。二是管理方式，如果一群母猪在接近初情期与一头性成熟的公猪接触，则可以使初情期提早。此外，营养状况、舍饲、畜群大小和季节都对初情期有影响，例如，一般春季和夏季比秋季或冬季母猪初情期来得早。我国的地方品种初情期普遍早于引进品种，因此，在管理上要有所区别。

（二）适龄配种

我国地方猪种初情期一般为3月龄、体重20千克左右，性成熟期4~5月龄；外来猪种初情期为6月龄，性成熟期7~8月龄；杂种猪介于上述两者之间。在生产中，达到性成熟的母猪并不马上配种，这是为了使其生殖器官和生理机能得到更充分的发育，获得数量多、质量好的后代。通常性成熟后经过2~3次规律性发情、体重达到成年体重的40%~50%予以配种。母猪的排卵数：青年母猪少于成年母猪，其排卵数随发情的次数而增多。

我国地方猪性成熟早，可在7~8月龄、体重50~60千克配种；国内培育品种及杂交种可在8~9月龄、体重90~100千克配种；外来猪种于8~9月龄、体重100~120千克。

注意：月龄比体重、发情周期（性成熟）比月龄相对重要些。

第二节　母猪的发情与排卵

一、发情周期、发情行为

（一）发情周期

青年母猪初情期后未配种则会表现出特有的性周期活动，这种特有的性周期活动称为发情周期。一般把第一次排卵至下一个排卵的间隔时间称为一个发情周期。母猪的一个正常发情周期为 20~22 天，平均为 21 天，但有些特殊品种又有差异，如我国的小香猪一个发情周期仅为 19 天。猪是一年内多周期发情的动物，全年均可发情配种，这是家猪长期人工选择的结果，而野猪则仍然保持着明显的季节性繁殖的特征。

母猪体内的各种生殖激素相互协调着母猪卵巢、生殖道及外部表现的变化。当母猪排卵后，卵子通过输卵管伞部进入输卵管中，而排卵后残存在排卵卵泡内的血液及颗粒细胞在促黄体素的作用下内缩并且黄体化。首先形成红色的肉质状的实质性组织称为红体，然后逐渐变化，突出于卵巢表面形成黄体，如果排出的卵子可以受精，则黄体分泌的孕酮可以始终保持在一个较高的水平，一方面抑制雌激素的上升，控制发情的再次出现；另一方面与少量雌激素共同作用于生殖道为胚胎的发育准备好营养及提供良好的生存环境，如子宫腺体的增长、上皮加厚。但如果母猪发情排卵后没有交配或没有妊娠，那么黄体保持至周期的后期，由于卵巢上卵泡的不断发育增大及雌激分泌的增多，使子宫分泌的前列腺素 F2a（PGF2a）引起黄体的迅速退化。黄体溶解，孕酮分泌量急剧减少，这时多个卵泡在垂体促性腺激素的作用下逐渐成熟，并分泌大量雌激素。当其达到一定高水平时，母猪重新出现发情行为，并诱发下丘脑产生正反馈，引起 GnRH 和 LH 的升高，最终导致排卵。由此可以看出，在一个正常的母猪发情周期中，有相当长的一个时期，黄体分泌的孕酮处于优势的主导地位，15~16 天称为黄体期，而雌激素由卵泡分泌占优势地位 5~6 天，这一时期称为卵泡期。

发情持续期是指母猪出现发情征状到发情结束所持续的时间。猪的发情持续期为 2~3 天。在发情持续期内，母猪表现出各种发情征状，其精神、食欲、行为和外生殖器官均出现变化，这些变化表现出由浅到深再到浅直至消退的过程。在实践中可以根据这些变化判断母猪的发情及发情的阶段和配种时期。

休情期：指本次发情结束至下次发情开始之间的一段时间。在休情期间，母猪发情征状完全消失，恢复到正常状态。

（二）发情行为

母猪发情行为主要是由于雌激素与少量孕酮共同作用大脑中枢系统与下丘脑，从而引起性中枢兴奋的结果。在家畜中，母猪发情表现最为明显，在发情的最初阶段，母猪可能吸引公猪，并对公猪产生兴趣，但拒绝与公猪交配。阴门肿胀，变为粉红色，并排出有云雾状的少量黏液，随着发情的持续，母猪主动寻找公猪，表现出兴奋，对外界的刺激十分敏感。当母猪进入发情盛期时，除阴门红肿外，背部僵硬，并发出特征性的鸣叫。在没有公猪时，母猪也接受其他母猪的爬跨；当有公猪时立刻站立不动，两耳竖立细听，若有所思呆立。若有人用双手扶住发情母猪腰部用力下按时，则母猪站立不动，这种发情时对压背产生的特征性反应称为"静立反射"或"压背反射"，这是准确确定母猪发情的一种方法。

二、母猪发情异常的原因及应对

母猪可因内分泌、气候、疾病、饲料毒素等因素，而表现出异常发情。

（一）发情异常的表现

1. 隐性发情

隐性发情的母猪一般有生殖能力，即有正常的卵泡发育和排卵，如果在配种时机配种，也能够正常受孕。外观无发情表现或外观表现不很明显，发情征状微弱，母猪的外阴部有变红，但肿胀不明显，食欲略有下降，或不下降，无鸣叫不安征状。这种情况如不细心观察，往往容易被忽视。

母猪在前情期和发情期，由于垂体前叶分泌的促卵泡素量不足，卵泡壁分泌的雌激素量过少，致使这两种激素在血液中含量过少所致。另外母猪年龄过大，或膘情过差，各种环境应激，如炎热、环境噪声、惊吓等也会出现隐性发情的现象。

母猪隐性发情多发生在后备母猪中，尤其是引进品种，如果不仔细观察，某些后备母猪初次发情往往不被发现，因此，当发现后备母猪"初次发情"时，可能已经是母猪的第二次或第三次发情了。

2. 假发情

假发情是指母猪在妊娠期的发情和母猪虽有发情表现，实际上是卵巢根本无卵泡发育的一种假性发情。

母猪在妊娠期间的假发情，主要是母猪体内分泌的生殖激素失调所造成的，当母猪发情配种受孕后，当妊娠黄体分泌的孕激素有所减少，而胎盘分泌的雌激素水平较高时，母猪应可能表现出发情。另外，在饲料中含有类雌激素毒素时，也会表现出发情征状。

母猪妊娠发情的情况较少，而且一般征状不明显，最重要一点就是妊娠发情的母猪一般没有在公猪面前压背时的静立反应，也不会接受公猪的交配。因此，应注意区分，避免强行配种造成妊娠母猪流产。

母猪无卵泡发育的假性发情，发生率很低，但对卵巢静止引起的乏情的母猪，用雌激素类药物进行催情时，往往会出现这类假发情。有些子宫蓄脓的母猪也可能在脓液的刺激下，表现出类似的发情征状，如外阴部红肿，排出分泌物等。

3. 持续发情

持续发情是母猪发情时间延长，并大大超过正常的发情期限，有时发情时间长达 10 多天。

卵泡囊肿是母猪持续表现发情的原因之一。发情母猪的卵巢有发育成熟的卵泡，这些卵泡往往比正常卵泡大，而且卵泡壁较厚，长时间不破裂，卵泡壁持续分泌雌性激素。在雌激素的作用下，母畜的发情时间就会延长。此时假如发情母猪体内黄体分泌孕激素较少，母猪发情表现则非常强烈；相反，体内黄体分泌过多，则母猪发情表现沉郁。

推测，如果母猪两侧卵泡不能同时发育，也可能会造成母猪发情增长。发情的母猪如果 LH 分泌不足，会使母猪排卵时间推迟，造成发情期延长。

4. 断续发情

后备母猪和经产母猪都可能发生断续发情，其表现为发情期较短，间隔数天后，又重新表现发情。

这种异常发情，多因为卵泡成批发育，但最终未排卵，因而不能形成黄体，卵巢对卵泡没有抑制作用，因此，很快第二批卵泡发育，这样，母猪两次发情的间隔很短。推测，这是由于垂体分泌的 LH 较低，导致卵泡不能发育到成熟和排卵所致。

5. 发情周期超过 25 天或断奶至发情超过 14 天

繁殖母猪的发情周期一般为 18～25 天，但是也有少数母猪超过天数仍未表现发情。或断奶后 14 天甚至数月不能表现发情。母猪长期乏情后，重新发情，从其发情期的生理变化上讲，与正常的发情期没有太大的区别，但由于没有像其他母猪有正常的发情规律，故而将其列出，加以说明。

这种情况多数因为母猪营养不良，母猪哺乳期过长，或年龄偏大，或患有子宫膜炎和卵巢有持久黄体等原因所造成。但随着母猪膘情的恢复或某些卵巢疾病的自然恢复，黄体的退化，母猪会恢复自然发情。

6. 发情期过短

发情期过短严格地说，并不一定是一种异常发情。多见于后备母猪和断奶后超过 14 天发情的母猪。其发情很短，甚至只有十几个小时，主要原因是，母猪从接受爬跨到排卵的时间很短。

（二）发情异常的常见原因

1. 饲喂方式不当的问题，使母猪过肥或偏瘦

母猪分娩后，体能消耗大，其产后采食量大，若加料过急过多会引起母猪消化不良，造成以后几天采食不佳，甚至影响整个哺乳期的采食量，还会增加发生乳房炎的概率；按顿饲喂哺乳母猪，经常会出现采食量不足的现象，造成母猪断奶时体重损失过多，使卵泡停止发育或发育缓慢，进而出现母猪乏情、发情推迟或发情不明显，甚者形成囊肿而不发情；若母猪过肥，则会使卵巢及其他生殖器官被脂肪包埋，造成母猪排卵减少或不排卵，出现母猪屡配不孕，甚至不发情。

2. 初配标准不达标

初配母猪年龄偏小或体重偏低，生殖系统尚未发育成熟，没有兼顾初产母猪的体成熟和性成熟；另外，要求初配母猪体重在 125 千克以上，230 日龄以上，背膘厚 13～14 毫米；有 2 次以上的发情记录。初产母猪配种过早，往往会导致第 2 胎发情异常。

3. 诱情方式不当

母猪与公猪接触过少，或者诱情公猪年龄过小、性欲差，使母猪得不到应有的性刺激，诱情不足导致不发情。

4. 生殖器官疾病

一是卵巢机能不全，卵巢静止或卵巢萎缩，使卵泡不能正常生长、发育、成熟和排卵，导致发情和发情周期紊乱；二是卵泡囊肿，造成卵泡壁变性，不再产生雌激素，即母畜不表现发情征状；三是黄体囊肿，抑制性腺激素的分泌，卵巢中无卵泡发育，母畜不发情；四是持久黄体，由于持久黄体分泌孕酮，抑制了促性腺激素的分泌，使卵泡发育受到抑制，致使母猪乏情、发情周期停止循环；五是母猪感染猪瘟、蓝耳病、伪狂犬病、细小病毒、乙脑和附红细胞体等繁殖障碍性疾病，均会使引起母猪乏情及其他繁殖障碍症；六是母猪患乳房炎、子宫内膜炎和无乳症也会增加母猪断奶后不发情的比例。

5. 营养问题，不均衡或缺乏

母猪饲料营养直接影响着母猪生产性能和生产成绩。饲料中的维生素（尤其是维生素 A、维生素 E、维生素 B_1、叶酸和生物素含量较低）和能量不足，会引起母猪断奶后发情不正常。初产母猪产后的营养性乏情在瘦肉型品种中较为突出。据统计，初产母猪在仔猪断乳后 1 周内不发情比例是经产母猪的 2 倍。

6. 饲料原料的霉变问题

若饲料原料（玉米、豆粕等）有发霉现象，其中的霉菌毒素，尤其是玉米赤霉烯酮，母猪摄入后，其正常的内分泌功能将被打乱，导致发情不正常或排卵抑制。

7. 饲养环境、空间的问题

种猪舍光照不足或光照过长（每日光照>12 小时）会对卵巢发育和发情产生抑制作用；炎热季节母猪采食量减少，摄入的有效能量降低，导致生殖激素的分泌发生障碍，一般 6—9 月母猪发情率会下降20%或发情推迟现象增多。受限位栏限制，母猪运动量不足，也会使生殖激素分泌失调造成母猪发情异常。

（三）母猪发情异常的应对措施

1. 改善饲喂方式，做好母猪体况调控

母猪产后第 1 天喂 1.5 千克，第 2 天 2.5 千克，以后每天逐渐增加 0.5 千克左右，直到 6~8 千克/天，每天饲喂 2~4 次，采用自由采食原则，尽可能使母猪采食量最大化（哺乳母猪采食量 = 2.5 千克 + 0.5 千克×所带仔猪头数）并保持好其体型，减少断奶失重。断奶前 3 天逐渐减料，断奶当天不喂料，既促使仔猪多采食饲料，又可防止母猪断奶后发生乳房炎。断奶至配种根据膘情饲喂哺乳料 3.0~3.6 千克/天或者自由采食，以促使母猪多排卵。断奶 2 周不发情者要降到 2~2.2 千克/天或禁食 1 天。

2. 严格把控后备母猪初配基准

母猪第一次配种体重在 130 千克以上，230 日龄以上，背膘厚 13~14 毫米，有 2 次以上的发情记录；产后最小体重 175~180 千克，防止过多蛋白质在第 1 次泌乳期流失。后备母猪配种前的一个情期里，可用人工精浆"敏化"处理。

3. 采用正确的诱情方式

后备母猪常在 5~6 月龄时有初次发情现象，160 天开始用试情公猪［必须 10 月龄以上（产生外激素），性欲良好的公猪（10%公猪缺乏性欲）］诱情，公猪每天直接接触母猪 15~20 分钟，定期轮换公猪。断奶母猪还可以采用换栏、合并或重新分群、扩大或减少栏位使用面积，把公猪放到母猪旁边的猪舍里，采用饥饿处理、激素处理等方式。

4. 选用良好的母猪专用料

选用优质饲料原料，根据母猪不同的生理阶段科学配制母猪专用料，保证母猪生长发育、妊娠和哺乳的需要；同时可采用饲料中添加脱霉剂的方式，尽可能降低或避免霉菌毒素的危害；也可在饲料中额外添加维生素 E、维生素 A、维生素 C，微量元素 Se 等以满足母猪的营养需求。也可用红糖熬小米粥喂断奶母猪促进发情。

5. 加强饲养管理，改善饲养环境

改善猪舍采光条件，满足母猪对光照的需求；夏季做好母猪的防暑降温工作，结合通风、喷雾和屋顶喷淋等措施降温；定时将母猪赶出圈外运动 0.5~1 小时，加速血液循环，促进发情；发现流产及子宫炎母猪，及时进行子宫冲洗（宫炎清、宫炎净或自制碘液）和抗生素的抗菌消炎工作。

6. 中药催情

用淫羊藿、对叶草各 80 克，煎水内服；淫羊藿 100 克，丹参 80 克、红花和当归各 50 克，碾末拌入饲料；也可以用阳起石、淫羊藿各 40 克，当归、黄芪、肉桂、山药、熟地各 30 克，碾末拌入饲料中 1 次饲喂，1 日 1 剂，连服 3 剂即可发情配种。

7. 激素处理

发情迟缓的母猪进行催情处理：并圈处理法（不发情母猪 3~5 头集中 1 栏混养，处理后表现发情征状，立即配种）、饥饿处理法（对不发情的猪只停食 2 天，饱食 2 天进行催情，处理后表现发情症状，立即配种）、激素处理法（断奶后 2 周不发情的猪只，注射激素 PG 600 或 PMS 进行催情，处理后 4~5 天观察到发情征状后立即配种，若不发情者间隔 10 天用上述方法再处理 1 次，再不发情者淘汰）。

三、母猪不发情的原因及处理

（一）后备母猪不发情的原因及处理

1. 后备母猪不发情的原因

（1）疾病因素 可能导致母猪不发情的疾病有：猪繁殖与呼吸综合征、子宫内膜炎、圆环病毒病等。如由圆环病毒病导致消瘦的后备母猪多数不能正常发情。另外，母猪患慢性消化系统疾病（如慢性血痢）、慢性呼吸系统疾病（如慢性胸膜炎）及寄生虫病，剖检时多发现卵巢小而没有弹性，表面光滑，或卵泡明显偏小（只有米粒大小）。还有的是卵巢囊肿，严重者卵巢如鸡蛋大小，囊肿卵泡直径可达 1 厘米以上，不排卵，可用促排 3 号（30 微克）或绒毛膜促性腺激素（HCG）1 000~1 500 单位，每日 1 次，连续 3~4 次。

（2）营养因素 最常见的是能量摄入不足，脂肪贮备少，后备母猪在配种前的 P2 点膘厚应在 18~20 毫米；过肥会影响性成熟的正常到来；有些虽然体况正常，但由于饲料中长期缺乏维生素 E、生物素等，致使性腺的发育受到抑制；任何一种营养元素的缺乏或失调都会导致发情推迟或不发情，如饲料中钙含量偏高阻碍锌的吸收，易造成母猪不孕。

（3）饲养管理因素

① 饲养方式。对后备母猪而言，大栏成群饲养（每栏 4~6 头）比定位栏饲养好，母猪间适当的爬跨能促进发情。但若每栏多于 6 头，则较为拥挤且打斗频繁，不利于发情。若用定位栏饲养，应加强运动。

② 诱情。很多猪场不注重母猪的诱情，没有采取与公猪接触或其他措施来诱导母猪发情。母猪是否发情听之任之。

③ 发情档案。有些猪场不建立发情档案，有的在 7 月龄以后才开始建立发情档案，超过 8 月龄不发情才开始处理，处理越迟效果越差，这样母猪在淘汰时大多已达 10 月龄。正常的做法是在 160 日龄后就要跟踪观察发情，6.5 月龄仍不发情就要着手处理，综合处理后达 270 日龄仍不发情的母猪即可淘汰，时间太久则造成饲料浪费。

2. 后备母猪不发情的预防

（1）合理饲养 体重 90 千克以前的后备母猪可以不限量饲喂，保证其身体各器官的正常发育，尤其是生殖器官的发育。6~7 月龄要适当限饲（日喂 2.5 千克/头），防止过肥。后备母猪配种前的理想膘情为 3~3.5 分，过肥、过瘦均有可能出现繁殖障碍。有条件的场，6 月龄以后每天宜投喂一定量的青绿饲料。

（2）利用公猪诱情 后备母猪 160 日龄以后应有计划地让其与结扎的试情公猪接触来诱导发情，每天接触 2 次，每次 15~20 分钟。用不同公猪刺激比用同一头公猪效果好。

（3）建立完善的发情档案 后备母猪在 160 日龄以后，需要每天到栏内用压背法结合外阴检查法来检查其发情情况。对发情母猪要建立发情记录，为配种做准备。对不发情的后备母猪做到早发现、早处理。

（4）加强运动 后备母猪每周至少在运动场自由活动 1 天。6 月龄以上母猪群运动时应放入 1 头结扎公猪。

（5）给予适度的刺激 适度的刺激可提高机体的性兴奋。可将没发过情的后备母猪每周调栏 1 次，让其与不同的公猪接触，使母猪经常处于一种刺激状态，以促进发情与排卵，必要时可赶公猪进栏追逐 10~20 分钟。

（6）完善催情补饲工作 从 7 月龄开始，根据母猪发情情况认真划分发情区和非发情区。将 1 周内发情的后备母猪归于一栏或几栏，限饲 7~10 天，日喂 1.8~2.2 千克/头；优饲 10~14 天，日喂 3.5 千克/头，直至发情、配种；配种后日喂料量立即降到 1.8~2.2 千克/头。这样做有利于提高初产母猪的排卵数。

（7）做好疾病防治工作 做到"预防为主，防治结合，防重于治"。平时抓好消毒，搞好卫生，尤其是后备母猪发情期的卫生，减少子宫内膜炎的发生；按照科学的免疫程序进行免疫，针对种猪群的具体情况定期拟订详细的保健方案，严格执行兽医的治疗方案。

3. 后备母猪不发情的处理

（1）公猪刺激 用性欲好的成年公猪效果较好，具体做法是：① 让待配的后备母猪养在邻近公猪的栏中；② 让成年公猪在后备母猪栏中追逐 10~20 分钟，让公母猪有直接的接触。追逐的时间要适宜，时间过长，既对母猪造成伤害，同时也使公猪对以后的配种缺乏兴趣。

（2）发情母猪刺激 选一些刚断奶的母猪与久不发情的母猪关于一栏，几天后发情母猪将不断追逐爬跨不发情的母猪，刺激其性中枢活动增强。

（3）适当的刺激措施 ① 混栏。每栏放 5 头左右，要求体况及体重相近；② 运动。一般放到专用的运动场，有时间可适当驱赶。③ 饥饿催情。对过肥的母猪可限饲 3~7 天，日喂 1 千克左右，供给充足饮水，然后自由采食。

（4）对发情不明显母猪的处理 在发情过程中，有部分母猪由于某种原因而发情征状不明显或没有表现"静立"状态，这些母猪只能根据外阴的肿胀程度、颜色、黏液浓稠度进行适时输精，并在输精前 1 小时注射氯前列烯醇 2 毫升（或促排 3 号），输精前 5 分钟注射催产素 2 毫升。

（5）激素催情 生殖激素紊乱是导致母猪不能正常发情的一个

重要原因，给不发情后备母猪注射外源性激素可起到明显的催情效果，但有试验表明，采用激素催情的母猪，与自然发情的母猪相比，产活仔数平均要少 1 头。在以上的方法都采用了之后，仍然不发情的少量母猪最后可使用激素处理 1~2 次，仍不发情的母猪应做淘汰处理，但在祖代、种猪场笔者不主张使用该方法来治疗。常用的处理方法有：① 氯前列烯醇 200 微克。② 律胎素 2 毫升。③ 孕马血清促性腺激素 1 000 单位+绒毛膜促性腺激素 500 单位。④ PG600 处理 1 次（1 头份）。

（二）经产母猪断奶后不发情的原因及处理

经产母猪一般断奶后 3~7 天便可自然发情配种，但由于各种各样的原因，规模化猪场经常发生部分母猪断奶后不发情或发情不正常，严重影响了养猪的经济效益。

1. 经产母猪断奶后不发情的常见原因

（1）营养水平　尤其是饲料中维生素营养和能量不足。特别是有些猪场的母猪使用的饲料维生素 A、维生素 E、维生素 B_1、叶酸和生物素含量较低，经常引起母猪断奶后发情不正常。初产母猪产后的营养性乏情在瘦肉率较高的品种中较为突出。据统计，有 50% 以上的初产母猪在仔猪断乳后 1 周内不发情，而经产母猪仅为 20%。哺乳期母猪体重损失过多将导致母猪发情延迟或乏情，而初产母猪尤其如此。在分娩 1 周后，哺乳母猪应自由采食。

（2）初产母猪配种过早　往往会导致第 2 胎发情异常。

（3）公猪刺激不足　母猪舍离公猪太远，断奶母猪得不到应有的性刺激，诱情不足导致不发情。

（4）气温与光照及运动不足　炎热的夏季，环境温度达到 30℃ 以上时，母猪卵巢和发情活动受到抑制。

（5）饲料原料霉变　对母猪正常发情影响最大的是玉米的霉菌毒素，尤其是玉米赤霉烯酮，此种毒素分子结构与雌激素相似。母猪摄入含有这种毒素的饲料后，其正常的内分泌功能将被打乱，导致发情不正常或排卵抑制。

（6）卵巢发育不良　长期患慢性呼吸系统病、慢性消化系统病或寄生虫病的小母猪，其卵巢发育不全，卵泡发育不良使激素分泌不足，影响发情。

（7）母猪存在繁殖障碍性疾病　猪瘟、蓝耳病、伪狂犬病、细小病毒病、乙脑病毒病和附红细胞体等病源因素均会使引起母猪乏情及其他繁殖障碍症。另外，患乳房炎、子宫内膜炎和无乳症的母猪断奶后不发情的比例较高。

2. 母猪断奶后不发情的处理

（1）正确把握青年母猪的初配年龄　实践证明，瘦肉型商品猪初配年龄不早于 8 个月龄，体重不低于 100~110 千克。

（2）采用科学的饲养方式　根据泌乳期的母猪体况，保证泌乳母猪体况储备，减少失重，适量增加能量与蛋白质，蛋白质应维持在17%~18%，在夏季、冬季可在饲料中加入 2%~3% 植物油提高能量。体重过肥的母猪，每日给予 2~4 小时的运动时间，并增加青绿饲料。严格把关，不饲喂发霉及重金属盐含量过高的饲料。

（3）防暑降温　当舍温升高至 35℃ 以上时，泌乳猪内分泌机能容易发生紊乱，有条件的地方采用湿帘降温或使用空调；对条件差的猪场，可以通过遮阳网、滴水喷头或在猪舍顶加盖秸秆等措施，或在日粮中加入碳酸氢钠 3 000 毫克/千克，碳酸氢钙 3 000 毫克/千克，维生素 C 200 毫克/千克，维生素 E 100 毫克/千克。产房比较理想的降温方法有瓦水帘降温、局部冷风降温、滴水降温，最好配合屋顶和墙壁隔热，效果会更好。

（4）防治原发病　按照科学防疫程序严格防疫，加强繁殖障碍疾病的预防，减少原发病，对有子宫炎的母猪，可采用 6 000 毫升生理盐水反复冲洗，然后子宫内放入青霉素 640 万单位、链霉素 300 万单位，或采用 0.1% 高锰酸钾 20 毫升注入子宫。

（5）激素治疗　肌内注射三合激素 4 毫升，仍无发情的母猪，5日后再进行 1 次，经处理后发情的母猪，在配种前 8~12 小时肌内注射排卵 3 号 1~3 支。也可肌内注射前列腺素 PG 600，注射后3~5 天发情配种。对长期不发情的母猪可肌内注射氯前列烯醇 0.4 毫克，如表现发情可肌内注射绒毛膜促性腺激素 1 000 单位。肌内注射绒毛膜促性腺激素 1 000 单位×2 支，皮下注射新斯的明 2 毫升/次，每日 1次，连用 3 天，发情时即可配种。

（三）初产母猪断奶后不发情的原因及处理

1. 初产母猪断奶后不发情的原因

初产母猪断奶后不发情、再次配种困难、2胎产仔数降低，都是现代母猪饲养中最常出现的问题。造成这一问题的根源是进入第二繁殖周期时，母猪体内营养储备严重不足，又因为生殖系统在营养分配时的优先权弱于其他器官和系统，故缺乏营养对生殖系统的影响最大。当然，初产母猪断奶不发情也与母猪健康状况尤其是生殖道健康及诱情环境有关。

发情所需要的营养储备，不仅需要大营养储备，而且也需要生殖营养储备。大营养储备主要指淀粉、蛋白质、脂肪、常量矿物质等营养物质的储备，体现在体重和膘情上面；生殖营养储备主要指与生殖结构和生殖功能相关的关键营养如特殊的维生素、特殊的微量元素等营养的储备。这两类营养物资的足够储备都是完成繁殖过程不可或缺的。

大营养储备不够的主要成因有：初产母猪自身增重（初产母猪自身增重约为50千克）、初配不达标、妊娠早中期限饲不够/不当、日进食营养总量不够、哺乳期采食量不够、攻胎不够。大营养储备主要目标是：断奶时，母猪失重不超过10千克，膘情达到体况评分2.5~3分。要实现这一体储目标，仅增加哺乳期采食量是不够的，需要从初产母猪培育全过程着手。

生殖营养储备方面，一要注意限饲期因为精料采食量减少而导致生殖营养摄入不足；二要注意哺乳期的哺乳营养需要与生殖的营养需要是有差异的，在配种准备期，即使饲喂营养相对丰富的哺乳料，也满足不了发情所需的生殖营养需求；三要考虑高温季节对生殖营养需求的增加；四要考虑环境因素对饲料中生殖营养的破坏；五要考虑商品饲料中营养物质添加量可能不足。

2. 初产母猪断奶后不发情的处理

对初产母猪断奶后不发情，可参考经产母猪的处理方法。但基于以上营养原理和理念，营养学方法解决初产母猪断奶不发情问题的具体措施如下。

（1）初配要达标　初次配种标准要达到：体重140千克以上，

背膘18~22毫米，日龄230天以上。只要达到这个标准，第1次发情也可配种（国外有资料认为第1次发情即可配种的观点）。如果体重轻、背膘薄、年龄未到的母猪过早配种会导致：初产母猪断奶后发情延迟、再次配种返情率高；2胎窝产仔数少；寒冷季节流产机会增加；泌乳量低，利用年限缩短。

（2）合理的饲料营养水平　初次怀孕母猪，怀孕期的某些营养水平相对于经产母猪而言可以适当提高10%左右，如粗蛋白14%、赖氨酸0.7%、钙0.9%、总磷0.8%、有效磷0.45%。有些猪场初次配种母猪继续饲喂后备母猪料是有科学道理的。因为后备母猪饲料的蛋白质和生殖营养水平比怀孕母猪料要高。

（3）*初产母猪怀孕后期，仍然需要适度增料攻胎*　对初生重过大引起难产问题一定要辩证地来看。首先，胎儿的2/3的体重是在母猪妊娠期最后1/3的时间增加的，如果不攻胎，根据后代优先的营养分配原理，母猪的营养优先供应胎儿，在摄入不足的情况下，可能动用母猪体脂肪甚至体蛋白来供应胎儿的生长，意味着初产母猪在怀孕后期就在失重和掉膘！二则，如果不攻胎，会导致母猪体质下降反而影响分娩；再则，胎儿初生重不足会影响哺乳期仔猪成活率。

（4）*锻炼母猪肠道功能，"撑大"母猪的肚子*　胃好，胃口才好。这里的"胃好"，指的是胃肠功能好和胃肠道容积大。专家认为：一是动物的肠道除了消化功能外，还有化学感应和接收机体信号的功能，小肠不是被动吸收通道，实际上在吸收之前还有调节控制功能。因此，饲养动物必须先养好小肠。二是对仔猪腹泻的控制手段，不能仅仅考虑病原的因素，也不要滥用抗生素，而是在改善环境、调整水质和强化营养上下功夫。三是通过母猪的饲喂调控仔猪肠道健康，猪场要把母猪作为核心要素，强化营养并加强管理，保障母猪奶水充足，仔猪不使用抗生素一样可以成功断奶，而不必担心腹泻问题。四是在炎热环境下饲喂母猪需要特别注意饲养管理的改善，如增加净能的摄入量，饮水温度调节到17℃左右等。

（5）*集中猪场优势资源，增加初产母猪哺乳期采食量*　泌乳期体重损失越多，断奶至发情的时间间隔越长，但这一特征主要在头胎表现得更明显。所以，增加哺乳期采食量是减少初产母猪断奶掉膘最有效的措施，务必全力以赴达到理想的采食量目标（千克）：1.8+0.5×X（母猪哺乳仔猪数）。

3. 增加初产母猪采食量的技术措施

（1）温度　母猪最适宜的温度是18~22℃，超过24℃每增加2℃就会减少0.5千克的采食量。产房比较理想的降温方法有瓦水帘降温、局部冷风降温、滴水降温，最好配合屋顶和墙壁隔热，效果会更好。

（2）清洁充足饮水　饮水器供水量1.5~2升/分钟，水温为17℃左右，最好有料槽饮水，水质达到人的饮用水标准。

（3）补充抗病营养　研究发现，只有当动物每天吃进去的物质当天被充分代谢后，动物才有很好的食欲，如果代谢不畅，会起堵塞作用，这时动物就没有食欲。

（4）干净的料槽　夏天每次喂料前清洗料槽十分必要，可以去除馊味、减少腐败物质中毒。

（5）怀孕早中期限饲　怀孕期严格按照饲喂标准摄入基础营养，不能过多摄入，因为怀孕早中期的采食量与哺乳期采食量呈负相关，而攻胎期采食量与哺乳期采食量关联度不大。

（6）饲料与饲喂　饲料原料干净新鲜；饲喂水料，水与饲料的比例为4:1；增加饲喂次数为3~4次，在低温时段饲喂。

（7）初产母猪哺乳料适当增加营养浓度　比如蛋白质可以达到20%，补充赖氨酸至1.2%并同时补充脂肪，注意氨基酸之间的平衡。

（8）预防母猪产后感染　生产发现，产后感染的母猪，不仅采食量会降低，而且会直接影响到断奶发情及受孕，所以要通过产前清除病原、产中输液和产后打针抗感染以及灌注宫炎净排出恶露等措施来积极预防。一旦发生乳房产道感染，要积极治疗。

（9）分2批断奶以及适当提早断奶　体重较重的半窝仔猪比体重较轻的半窝仔猪提早2~5天断奶。母猪发情早；仔猪均匀度好；特别适合一胎母猪。初产母猪在条件允许的情况下提早3天左右断奶，可以减轻母猪哺乳负担，尽早恢复体况。

（10）补充生殖营养　前面已经提到，在配种准备期，即使饲喂营养相对丰富的哺乳料，也满足不了发情所需的生殖营养需求。所以，为了满足发情对生殖营养的需求，很有必要从哺乳期开始就补充生殖营养，直至怀孕期。

四、母猪的排卵时间

母猪雌激素的水平不仅代表了卵泡的成熟性，而且也通过下丘脑来调节发情行为与排卵的时间。排卵前所出现的 LH 峰不仅与发情表现密切相关，而且还与排卵时间有关。一般 LH 峰出现后 40~42 小时出现排卵。由于母猪是多胎动物，在一次发情中多次排卵，因此，排卵最多时是出现在母猪开始接受公猪交配后 30~36 小时，如果从开始发情，即外阴唇红肿算起，在发情 38~40 小时之后。

母猪的排卵数与品种存在密切的关系，一般为 10~25 枚。我国的大湖猪是世界著名的多胎品种，平均窝产仔为 15 头，如果按排卵成活率为 60% 计算，则每次发情排卵在 25 枚以上，而一般引进品种的窝产仔为 9~12 头。排卵数不仅与品种有关，而且还受胎次、营养状况、环境因素及产后哺乳时间长短等影响。据报道，从初情期起，头 7 个情期，每个情期大约可以提高 1 个排卵数，而营养状况好有利于增加排卵数，产后哺乳期适当且产后第 1 次配种时间长也有利于增加排卵数。

五、促进母猪发情排卵的措施

（一）改善饲养管理，满足营养供应

对迟迟不发情的母猪，应首先从饲养管理上查找原因。例如，饲粮过于单纯；蛋白质含量不足或品质低劣；维生素、矿物质缺乏；母猪过肥或过瘦；长期缺乏运动等。应进行较全面的分析，采取相应的改善措施。

1. 短期优饲和调整膘情

对空怀母猪配种前的短期优饲，有促进母猪发情排卵和容易受胎的良好作用。方法为配种前的 1 周或半个月左右，适当调整膘情，保持合理的种用体况，常言道"空怀母猪七八成膘，容易怀胎产仔高"，即保持母猪七八成膘情为好。对于正常体况的母猪每天饲喂 2.0~2.2 千克全价配合饲料；对体况较差的母猪提供充足的哺乳母猪

料；对于过于肥胖的母猪，在断奶前后少量饲喂配合饲料，多喂青粗饲料，让其尽快恢复到适度膘情，达到较早发情排卵和接受交配的目的。

2. 多喂青绿饲料，满足钙、磷的需要，维生素、矿物质、微量元素对母猪的繁殖机能有重要影响

例如饲粮中缺乏胡萝卜素时，母猪性周期失常，不发情或流产多；长期缺乏钙、磷时，母猪不易受胎，产仔数减少；缺锰时，母猪不发情或发情微弱等。因此，配种准备期的母猪，多喂青绿饲料、补足骨粉、添加剂，充分满足维生素、矿物质、微量元素的需要。对其发情排卵有良好的促进作用。一般情况下，每天每头饲喂 5~7 千克的青饲料或补加 25 克的骨粉为好。

3. 正确的管理，新鲜的空气，良好的运动和光照对促进母猪的发情排卵有很大好处

配种准备期的母猪要求适当增加舍外的运动和光照时间，舍内保持清洁，经常更换垫草，冬春季节注意保温。例如把母猪赶出圈外，在一些草地或猪舍周围活动 1 小时，再喂些胡萝卜或菜叶，连续 3 天，很容易引起母猪发情。

（二）控制哺乳时间，早期断奶或仔猪并窝

1. 控制哺乳时间

待训练好仔猪的开食，并能采食一定量的饲料（25~30 日龄）时，控制哺乳次数，每隔 6~8 小时 1 次，如此处理 6~9 天，母猪就可以提前发情。

2. 仔猪早期断奶

通常母猪断奶后 5~7 天发情，在一个适当的时间提前断奶，母猪可提前发情进行配种。我国广大家庭养猪户多沿袭 45~60 天断奶，目前，各地出现许多先进技术，仔猪最早 21 日龄断奶。但大部分都是 28~35 日龄断奶。

3. 仔猪并窝

养猪场或专业户在集中时间产仔时，可把部分产仔少的母猪所产的仔猪，全部寄养给另外母猪哺育，即能很快发情配种。

（三）异性诱导，按摩乳房或检查母猪是否患有生殖道疾病

养殖者可用试情公猪（不作种用的公猪）追赶不发情的母猪，或者每天把公猪关在母猪圈内 2～3 小时，通过爬跨等刺激，促进发情排卵。另外，按摩乳房也能够刺激母猪发情排卵，要求每天早晨饲喂以后，待母猪侧卧，用整个手掌由前往后反复按摩乳房 10 分钟。当母猪有发情象征时，在乳头周围做圆周运动的深层按摩 5 分钟，即可刺激母猪尽早发情。母猪患有生殖道疾病时，应及时诊断治疗。

（四）药物催情

注射孕马血清促性腺激素和绒毛膜促性腺激素。前者在母猪颈部皮下注射 2～3 次，每日 1 次，每次 4～5 毫升，注射后 4～5 天就可以发情配种。后者一般对体况良好的母猪（体重 75～100 千克），肌内注射 1 000 单位，对母猪催情和促其排卵有良好效果。必要时可中草药催情。处方 1：阳起石、淫羊藿各 40 克，当归、黄芪、肉桂、山药、熟地各 30 克，研末混匀，拌入精料中 1 次喂服，切不可分次喂服。处方 2：当归、香附、陈皮各 15 克，川芎、白芍、熟地、小茴香、乌药各 12 克。水煎后每日内服 2 次，每次外加白酒 25 毫升。

第三节　母猪配种的精细化管理

一、养好种公猪

（一）加强对种公猪的调教

种公猪调教工作是一项艰苦细致的工作。近几年来，种公猪质量越来越好，瘦肉率越来越高，但是，种公猪的调教难度也越来越大，多方面原因导致种公猪调教不成功：种公猪的饲养管理不当，种公猪的饲料必须不但能满足公猪的营养需要，而且要慎用一切添加剂，因为添加剂中可能含有一些激素以及刺激种猪生长的重金属元素，对种公猪的生殖系统发育和精子的生成有较大的危害。种公猪的最佳调教时机是 8～9 月龄，必须及时加以调教。瘦肉率特别高的，体型过于优秀的种公猪往往性欲较差，调教相对困难，对这些种公猪的调教必须有足够的细心加耐心，不能急于求成。

(二) 加强对种猪的饲养管理

体型过差的原因是种猪本身的遗传原因和饲养管理的方面存在问题。应加强对种猪的选择和饲养管理，当然培育过程中有部分淘汰也属正常。

1. 饲养

（1）隔离消毒　从场外引进猪种时，进场前必须在隔离舍饲养 1 周，进场时仍需用对人畜无害的消毒药，如"百毒杀"（癸甲溴铵溶液）或用 0.1%~0.2%的过氧乙酸溶液带猪消毒。除特别情况外，种猪场一般谢绝客人参观。凡遇来人参观，进场前必须按规定消毒，如更换专用衣服、鞋帽，用消毒液洗手，并用紫外线消毒 15 分钟。出场后，需对参观路径或全场进行喷雾消毒或洒水消毒，避免细菌滋生。

（2）营养水平　满足种公猪各种正常生理需求，是养好种公猪的物质基础。营养水平过高或过低均可使种公猪变得肥胖和消瘦而影响配种。饲养种公猪的日粮不仅要注意蛋白质的数量，更要注意蛋白质的质量，如日粮中缺乏蛋白质，氨基酸不平衡，对精液品质有不良影响。长期饲喂含蛋白质过多的日粮，同样会使精子活力降低、密度小、畸形精子多。种公猪日粮中钙、磷不足或比例失调，会使精液品质显著降低，出现死精、发育不全或活力不强的精子。维生素 A、维生素 D、维生素 E 对精液品质也有很大影响，缺乏时，种公猪的性反射降低，精液品质下降，如长期严重缺乏，会使睾丸发生肿胀或干枯萎缩，丧失繁殖能力。

（3）饲养方式　"一贯加强"的饲养方式：在常年均衡产仔的猪场，种公猪长年担负配种任务。因此，全年都要均衡地保持种公猪配种所需的高营养水平。"季节加强"的饲养方式：实行季节性产仔的猪场，在配种季节开始前 1 个月，对种公猪逐渐增加营养，在配种季节保持较高的营养水平。配种季节过后，逐步降低营养水平，但需供给种公猪维持种用体况的营养需要。

种公猪日粮应以精料型为主，体积不易过大，以免把种公猪喂成草腹影响配种。饲喂种公猪应定时定量，每天 2.5 千克，每天喂两次，自由饮水，并根据品种、体重、配种（采精）次数增减料量。

2. 管理

（1）单栏饲养　种公猪一般实行单栏饲养。单栏饲养种公猪较为安静，减少了外界对其的干扰，食欲正常，杜绝了爬跨其他公猪和养成自淫的恶习，利于生长发育。

（2）适当运动　合理运动可促进食欲、帮助消化、增强体质、提高生殖机能。种公猪每天运动不少于1 000米，一般在早晚进行为宜，冬天在中午进行，运动不足会严重影响配种能力。

（3）刷拭、修蹄　经常刷拭猪体可保持皮肤清洁，促进血液循环，减少皮肤病和寄生虫病，并且还可使种公猪温驯、听从管教。同时，要经常修整种公猪蹄，以免在交配时擦伤母猪，以及肢蹄病的发生。

（4）防寒防暑　冬季要防寒保温，可减少饲料的消耗和疾病的发生。夏季要防暑降温，高温影响尤为严重，轻者食欲下降、性欲降低，重者精液品质下降，甚至会中暑死亡。防暑的措施有很多，如通风、洒水、洗澡、遮阳等方法，可因地制宜进行。

（5）精液检查　实行人工授精的种公猪每次采精都要检查精液品质，对于本交的种公猪每月也要检查1~2次精液品质。根据精液品质的好坏，调整营养、运动和配种次数，这是保证种公猪健壮和提高受胎率的重要措施之一。

种公猪配种能力及精液品质优劣和使用年限的长短，不仅与饲养管理有关，而且取决于初配年龄和利用强度。利用强度要根据年龄和体质强弱合理安排，如果利用过度就会出现体质虚弱，降低配种能力和缩短利用年限。相反，如果利用过少，会导致肥胖而影响配种。本交时，1头青年种公猪可负担20~25头母猪，适宜利用强度为每2天配种1次，成年公猪每天配种1次，连配2天，休息1天。人工授精时，可保持1：400头的公母比例，青年种公猪每周采精1~2次，成年种公猪每周采精2~3次。

（三）防控重要疾病

种公猪大都为纯种，纯种公猪与杂交猪相比，抗病力稍差，在生产实际中，优秀种公猪的疾病抵抗力往往更差，与此相反，那些体型外貌较差的公猪则有较强的抵抗力。防病的重点在饲养管理，只有采取良好的饲养管理才能培育健康的种公猪，因此，既要为种公猪提供安全营养的饲料、充足清洁的饮水、清洁舒适的环境，更要注意加强种公猪运动，提高种公猪的体质，从而增强其抗病力。此外，对种公猪要进行规定的防疫注射、猪舍消毒等工作，采取综合技术措施强化疾病预防工作。

腿部疾患在种公猪饲养工作中是一个特别需要注意的问题。种公猪特别容易发生腿部疾患而造成非正常淘汰，尤其是长白公猪，由于其腿部较细，不及其他品种猪粗壮，蹄病的发生率更高。种公猪腿部疾病发生率较高的主要原因是种公猪饲养时间较长，体重较大，种公猪舍现在又都是混凝土地面，对猪蹄的磨损严重；地面湿滑，猪容易滑倒又易损伤猪腿。减少种公猪腿部疾患的主要技术措施是：猪每天都必须在泥土地面的运动场运动，在泥地运动场运动对提高种公猪的体质及公猪蹄部健康都十分有益。

混凝土地面以及种公猪经过的道路以及采精室必须清洁，防止有小沙粒、小铁钉、碎玻璃存在，因为小沙粒、小铁钉、碎玻璃能严重损伤猪蹄。如发现猪蹄损伤，要仔细检查损伤部位和损伤原因，有针对性地进行治疗。种公猪腿部疾患的另一个主要原因为猪舍地面长期潮湿造成种公猪蹄底部长期潮湿发炎，甚至可以发生蹄底脱落。出现这种问题的解决办法是保持猪舍卫生干燥，外用一定的药物，经过休息也可以自然痊愈，无须急于淘汰。

二、配种前精液品质的检查和鉴定

精液品质检查的目的在于鉴定精液品质的优劣，以便确定配种负担能力，同时也能检查对种公猪饲养水平和生殖器官机能状态，反映技术操作质量，检验精液稀释、保存和运输效果。检查精液的主要指标有：精液量、颜色、气味、精子密度、精子活力、酸碱度、畸形精子率等。

检查前，将精液转移到在 37℃ 水浴锅内预热的烧杯中，或直接将精液袋放入 37℃ 水浴锅内保温，以免因温度降低而影响精子活力。整个检查活动要迅速、准确，一般在 5~10 分钟内完成。

（一）精液量

后备公猪的射精量一般为 150~200 毫升，成年公猪为 200~300 毫升，有的高达 700~800 毫升。精液量的多少因猪的品种、品系、年龄和采精间隔、气候以及饲养管理水平等不同而不同。精液量的评定以电子天平（精确至 1~2 克，最大称量 3~5 千克）称量，按每克 1 毫升计。原精请勿转换盛放容器，否则将导致较多的精子死亡，因此，勿将精液倒入量筒内评定其体积。

（二）色泽

正常精液的颜色为乳白色或灰白色，精子的密度愈大，颜色愈白；密度越小，则越淡。如果精液颜色有异常，则说明精液不纯或公猪发生生殖道病变，如呈绿色或黄绿色时则可能混有化脓性的物质；呈淡红色时则混有血液；呈淡黄色时则可能混有尿液等。凡发现颜色有异常的精液，均应弃去不用，同时，对公猪进行对症处理、治疗。

（三）气味

正常的公精液含有公猪精液特有的微腥味。有特殊臭味的精液一般混有尿液或其他异物，一旦发现，不应留用，并检查采精时操作是否正确，找出问题的原因。

（四）酸碱度（pH）

酸碱度可用 pH 试纸进行测定。一般来说，精液的 pH 偏低，则精子活力较好。生产上通常不用精液的 pH 进行检查，因为精液的酸碱度不可能远离中性。

（五）精子密度

精子密度指每毫升精液中含有的精子数量，是用来确定精液稀释倍数的重要依据。正常公猪的精子密度每毫升为 2.0 亿~3.0 亿个精子，有的高达每毫升 5.0 亿个精子。精子密度的检查方法有以下几种。

1. 估测法

这种方法不用计数，用眼观察显微镜下精子的分布，精子与精子之间的距离少于 1 个精子的长度为"密"；精子与精子之间的距离相当于 1 个精子的长度为"中"；精子与精子之间的距离大于 1 个精子的长度为"稀"。这种方法简单，但对于不同检查人员而言，主观性强，误差较大，只能对公猪进行粗略的评价，因此，这种评定的方法通常不被采用。

2. 精子密度仪法

现代化养猪企业多数采用这种方法。该法极为方便，检查所需时间短，重复性好，仪器使用寿命长。其基本原理是精子透光性差，精清透光性好。选定550纳米一束光透过10倍稀释的精液，光吸收度将于精子的密度呈正比的关系，根据所测数据，查对照表可得出精子的密度。该法测定密度的误差约为10%，但这在生产上可以接受。当然，如果精液中存在异物，该仪器也会将其作为精子来计算，应适当考虑减少这方面的误差。总之，该设备是目前猪人工授精中测定精子密度最适用的仪器。

3. 红细胞计数法

该法最准确，速度慢，其具体步骤如下。

以微量取样器取具有代表性的原精100毫升3%的KCl溶液900毫升混匀后，取少量放入计数板的槽中，在高倍镜下计数5个中方格内精子总数，将该数乘以50万即得原精液的精子密度，该方法可用来校正精子密度。

(六) 精子活力

精子活力又叫精子活率，是指直线前进运动的精子占总精子的百分率。精子活力的高低关系到配种母猪受胎率和产仔数的高低，因此，每次采精后及使用精液前，都要进行活力的检查，以便确定精液能否使用及如何正确使用。在我国精子活力一般采用10级制，即在显微镜下观察1个视野内的精子运动，若全部直线运动，则为1.0级；有90%的精子呈直线运动则活力为0.9；有80%的精子呈直线运动，则活力为0.8，依次类推。鲜精液的精子活率以大于或等于0.7才可使用，当活力低于0.6时，则应弃去不用。评定精子活力应注意以下几方面问题。

① 取样要有代表性。

② 观察活率用的载玻片和盖玻片应事先放在37℃恒温板上预热，由于温度对精子影响较大，温度越高精子运动速度越快，温度越低精子运动速度越慢，因此观察活率时一定要预热载、盖玻片，尤其是

17℃精液保存箱的精子，应在恒温板上预热（30~60秒）后观察。

③ 观察活率时，应用盖玻片。否则，一是易污染显微镜的镜头，使之发霉；二是评定不客观，因为每取样的量不同将影响活率的评定。

④ 评定活率时，显微镜的放大倍数应为 100 倍或 150 倍，而不是 400 倍或 600 倍。因为如果放大得过大，使视野中看到的精子数量少，评定不准确。若有条件，可在显微镜上配置一套摄像显示仪，将精子放大到电脑屏幕上进行观察。

（七）精子畸形率

畸形精子指巨形精子、短小精子、断尾、断头、顶体脱落、原生质、头大、双头、双尾、折尾等精子，一般不能直线运动，虽受精能力较差，但不影响精子的密度。精子畸形率是指畸形精子占总精子百分率。若用普通显微镜观察畸形率，则需染色；若用相差显微镜，则不需染色可直接观察。公猪的畸形精子率一般不能超过 20%，否则应弃去。采精公猪要求每 2 周检查 1 次畸形率。

畸形精子的检查过程：首先，取原精液少量，以 3% 氯化钠溶液进行 10 倍稀释；其次，以伊红或姬姆莎为染液，对精子进行染色；最后，在 400~600 倍显微镜下观察精子形态，计算 200 个精子中畸形精子占的百分率。

所有项目检查完毕，由检验员填写种公猪精液品质检查登记表（表 2-1）。

表 2-1　种公猪精液品质检查登记表

采精日期	公猪号	采精员	采精量（毫升）	色泽	气味	pH值	精子密度（亿/毫升）	活力	畸形率（%）	总精子数（亿）	稀释后总量（毫升）	稀释液量（毫升）	头份数	检验员	备注

三、母猪发情鉴定

（一）发情周期与排卵规律

1. 发情周期

正常母猪从一次发情开始到下一次发情开始的间隔时间为 18~22 天，平均 21 天，叫发情周期。发情周期分为发情前期、发情期、发情后期和休情期 4 个阶段。发情持续时间：一般瘦肉型母猪 2~3 天，地方母猪 3~5 天。

2. 排卵规律

母猪发情持续时间为 40~70 小时，排卵时间在后 1/3，而初配母猪要晚 4 小时左右。其排卵的数量因品种、年龄、胎次、营养水平不同而异。一般初次发情母猪排卵数较少，以后逐渐增多。营养水平高可使排卵数增加。现代国外种母猪在每个发情期内的排卵数一般为 20 枚左右，排卵持续时间为 6 小时；地方种猪每次发情排卵为 25 枚左右，排卵持续时间 10~15 小时。

（二）发情征状

母猪的发情期可分为发情前期、发情期和发情后期。各个阶段的表现如下。

1. 发情前期

母猪兴奋性逐渐增加，采食量下降，烦躁不安，频频排尿；阴门红肿呈粉红色，分泌少量清亮透明液体。

2. 发情期

阴门红肿，由粉红逐渐到亮红，肿圆，阴门裂开，无皱襞，有光泽，流出白色浓稠带丝状黏液，尾向上翘；性欲旺盛，爬栏、爬跨其他母猪或接受其他母猪爬跨，自动接近公猪，按压背部时，安静呆立、耳朵直竖。

3. 发情后期

阴门皱缩，呈苍白色或灰红色，无分泌物或有少量黏稠液体。

4. 休情期

母猪本次发情结束到下次发情开始这段时间。

母猪发情期各阶段的不同表现见表 2-2、表 2-3、表 2-4。

表 2-2　阴户表现

项目	发情初期	发情期	发情后期
颜色	浅红-粉红	亮红-暗红	灰红-淡化
肿胀程度	轻微肿胀	肿圆，阴门裂开	逐渐萎缩
表皮皱襞	皱襞变浅	无皱襞，有光泽	皱襞细密，逐渐变深
黏液	无-湿润	潮湿-黏液流出	黏稠-消失

表 2-3　触摸阴户手感

项目	发情初期	发情期	发情后期
温度	温暖	温热	根部-尖端转凉
弹性	稍有弹性	外弹内硬	逐渐松软

表 2-4　判断母猪表现

项目	发情初期	发情期	发情后期
行为	不安、频尿	拱爬、呆立	无所适从
食欲	稍减	不定时定量	逐渐恢复
精神	兴奋	亢奋-呆滞	逐渐恢复
眼睛	清亮	黯淡，流泪	逐渐恢复
压背反射	躲避、反抗	接受	不情愿

（三）发情鉴定的方法

1. 外部观察法

母猪在发情前会出现食欲减退甚至废绝，鸣叫，外阴部肿胀，精神兴奋。母猪会出现爬跨同圈的其他母猪的行为。同时对周围环境的变化及声音十分敏感，一有动静马上抬头，竖耳静听，并向有声音的方向张望。进入发情期前 1~2 天或更早，母猪阴门开始微红，以后肿胀增强，外阴呈鲜红色，有时会排出一些黏液。若阴唇松弛，闭合不全，中缝弯曲，甚至外翻，阴唇颜色由鲜红色变为深红或暗红，黏液量变少，且黏稠，能在食指与大拇指间拉成细丝，即可判断为母猪已进入发情盛期。

2. 压背试验查情法

成年健康、经产母猪通常在仔猪断奶后 4~7 天开始静立发情。发情的母猪，外阴开始轻度充血红肿，若用手打开阴户，则发现阴户内表颜色由红到红紫的变化，部分母猪爬跨其他母猪，也任其他母猪爬跨，接受其他猪只的调情，当饲养员用手压猪背时，母猪会由不稳定到稳定，当赶一头公猪至母猪栏附近时，母猪会表现出强烈的交配欲。当母猪发情允许饲养员坐在其背上，压背稳定时，则说明母猪已进入发情旺期。对于集约化养猪场来说，可采用在母猪栏两边设置挡板，让试情公猪在两挡板之间运动，与受检母猪沟通，检查人员进入母猪栏内，逐头进行压背试验，以检查发情程度。

3. 试情公猪查情法

试情公猪应具备以下条件：最好是年龄较大，行动稳重，气味重；口腔泡沫丰富，善于利用叫声吸引发情母猪，并容易靠气味引起发情母猪反应；性情温和，有忍让性，任何情况下不会攻击配种员；听从指挥，能够配合配种员按次序逐栏进行检查，既能发现发情母猪，又不会不愿离开这头发情母猪。如果每天进行一次试情，应安排在清早，清早试情能及时地发现发情母猪。如果人力许可，可分早晚两次试情。我国大多数猪场采用早晚两次试情。

试情时，让公猪与母猪头对头试情，以使母猪能嗅到公猪的气味，并能看到公猪。因为前情期的母猪也可能会接近公猪，所以在试情中，应由另一查情员对主动接近公猪的母猪进行压背试验。如果在压背时出现静立反射则认为母猪已经进入发情期，应对这头母猪作发情开始时间登记和对母猪进行标记。如果母猪在压背时不安稳为尚未进入发情期或已过了发情期。

四、配种方式与配种场所

（一）配种方式

根据配种过程中公猪使用情况的不同，将配种的形式分为自然配种和人工授精两种。

1. 自然交配

俗称本交，指母猪在发情其间与公猪交配的性行为过程。自然交配包括自由交配和人工辅助交配，现有猪场采用的自然交配都是在配种人员的参与下，有计划地进行公、母猪交配的人工辅助交配形式。

2. 人工授精

也称人工配种，是利用器械从公猪采集得到精液，用物理方法进行处理后，再输入母猪的生殖器官内，使母猪受胎的一种方法。

根据配种的次数和配种的对象不同，将配种的方式分为单配、复配、双重配和 3 次配种。

（1）单配 在母猪的一个发情期中，只用公猪配一次。其好处是能减轻公猪的负担，可以少养公猪，提高公猪的利用率，降低生产成本。其缺点是掌握适时配种较难，可能降低受胎率和减少产仔数。

（2）复配 在母猪的一个发情期内，先后用同一头公猪配两次，是生产上常用的配种方式。第 1 次交配后，过 24 小时再配 1 次，使母猪生殖道内经常有活力较强的精子，增加与卵子结合的机会，从而提高受胎率和产仔数。

（3）双重配 在母猪的一个发情期内，用血统较远的同一品种的两头公猪交配，或用 2 头不同品种的公猪交配，叫双重配。第 1 头公猪配种后，隔 10~15 分钟，第 2 头公猪再配。

双重配的好处，首先是由于用两头公猪与 1 头母猪在短期内交配两次，能引起母猪增加反射性兴奋，促使卵泡加速成熟，缩短排卵时间，增加排卵数，故能使母猪多产仔，而且仔猪大小均匀；其次，由于两头公猪的精液一齐进入输卵管，是卵子有较多机会选择活力强的精子受精，从而提高胎儿和仔猪的生活力。缺点是公猪利用率低，增加生产成本。如在 1 个发情期内仅进行 1 次双重配，则会产生与单配一样的缺点。

种猪场和留纯种后代的母猪绝对不能用双重配的方法，避免造成血统混杂，无法进行选种选配。

（4）3 次配种 在母猪的一个发情期内，先后 3 次配种，3 次配种可以是同一头公猪、同一品种的 3 头公猪或 3 个不同品种的公猪或精液先后对同一头母猪配种。3 次配种能有效地提高母猪的受胎率和产仔数，但多次配种应注意操作时卫生和消毒，减少配种操作对生殖道的伤害和感染，降低阴道炎、子宫炎的发生率。

（二）配种场所

1. 自然交配场所

猪场应在空怀配种猪舍内或专用的配种栏舍内，为公、母猪提供一个适宜的配种场地，选择干燥、卫生、不易打滑的地板，避免使用潮湿而滑的地板，使猪只始终保持良好的站立姿势，避免交配时造成伤害。很多地面材料如人工草皮、橡胶垫子和沙等可用于配种场地；在地面上铺少量的锯屑或稻草，同样有助于配种时站立。

公母猪在专用配种栏内配完种后，母猪应立即转入妊娠舍，实行单栏饲养或直接关到定位栏，避免其他母猪爬跨、咬斗等造成的应激，影响受胎率。

2. 人工授精场所

人工授精应把发情母猪转到专为人工授精而设的定位栏（配种栏）或直接转到妊娠舍的定位栏内，实施人工授精，不宜在小群饲养的空怀母猪栏中实施人工授精。

五、配种时间的把握

（一）决定母猪配种时间的主要因素

1. 母猪发情排卵规律

成年母猪一般在发情期开始后 24~48 小时排卵，地方种猪持续排卵时间为 10~15 小时，或更长时间。母猪的排卵高潮在发情后的第 26~35 小时。

2. 卵子保持受精能力的时间

母猪在一个发情周期中排出的卵子多达几十个，但卵子在输精管中仅能保持 8~10 小时。

3. 精子前进的速度

精子进入母猪生殖道后，需要 2~3 小时方可通过子宫角达到输卵管。

4. 精子在母猪生殖器官内保持持续受精的时间

一般为 10~12 小时。

（二）不同类型母猪配种或输精时间

根据以上情况推算，母猪最适宜的配种时间为母猪排卵前的 2~3

小时，即在母猪发情开始后的 19~30 小时，幼龄母猪还要延迟一些。群众的配种经验是"老配早，少配晚，不老不少配中间"。

不同类型母猪配种或输精时间安排如下。

1. 断奶后 3~4 天发情的经产母猪

发情压背时出现呆立反应后 24 小时第 1 次输精或配种，再间隔 8~12 小时进行第 2 次输精或配种，再间隔 8~12 小时选择性进行第 3 次输精或配种。

2. 断奶后 5~7 天发情的经产母猪

发情压背时出现呆立反应后 12 小时第 1 次输精或配种，再间隔 8~12 小时进行第 2 次输精或配种，再间隔 8~12 小时选择性进行第 3 次输精或配种。

3. 断奶后 7 天以上发情的经产母猪

发情压背时出现呆立反应后立即输精或配种，再间隔 8~12 小时进行第 2 次输精或配种，再间隔 8~12 小时选择性进行第 3 次输精或配种。

4. 后备母猪

发情压背时出现呆立反应后立即输精或配种，再间隔 8~12 小时进行第 2 次输精或配种，再间隔 8~12 小时选择性进行第 3 次输精或配种。

5. 返情母猪或用激素催情的母猪

发情压背时出现呆立反应后立即输精或配种，再间隔 8~12 小时进行第 2 次输精或配种，再间隔 8~12 小时选择性进行第 3 次输精或配种。

适时配种时间应结合发情特征，主要特征为母猪的阴户由肿胀变为微皱，外阴户由潮红色变为暗红色，分泌物变清亮透明、黏度增加。此时母猪允许压背而不动，压背时母猪双耳竖起向后，后肢紧绷。

六、自然交配精细化操作技术

① 公母猪交配前，配种员应事先挤掉公猪包皮中的积尿，并用甲酚皂（来苏尔）或苯扎溴铵（新洁尔灭）消毒液，对公母猪的阴

部清洗消毒。

② 密切关注公、母猪的行为。当公、母猪赶在一起相遇时，公猪嗅母猪的生殖器官；母猪嗅公猪的生殖器官；头对头接触，发出求偶声，公猪反复不断地咀嚼，嘴上泛起泡沫并有节奏地排尿；公猪追随母猪，用鼻子拱其侧面和腹线，发出求偶声；母猪表现静立反应；公猪爬跨。

③ 当公猪爬到母猪躯体上后，应当人工辅助公猪，此时配种员应一手拉起母猪尾巴，另一手握成环状指形，引导阴茎顺利插入母猪的阴道内，避免阴茎插入肛门。

④ 当公猪阴茎确实插入母猪阴道内后，配种员要详细进行观察，注意公猪有无射精动作。当公猪射精时，其阴茎停止抽动，屁股向前挺进，睾丸收缩，肛门停止颤动；在射精间歇时，公猪又重新抽动阴茎，睾丸松弛，肛门停止颤动。交配和射精过程要花很长时间，不能中途将公猪赶下来，应耐心等待。公猪从母猪身上下来时，有少量的精液倒流，属正常现象。

对前一胎产仔数少或整群产仔数偏少、发情异常的母猪在第 1 次配种的同时注射促排 3 号，可增加母猪排卵数，提高产仔数。

⑤ 配种完毕后，要驱赶母猪走动，不让其弓腰或立即躺下，以防精液倒流；同时，配种后也要让公猪活动一段时间再赶回猪舍，以免其他公猪嗅到发情母猪的气味而骚动不安。

⑥ 配种应在早晨或傍晚饲喂前 1 小时进行，以在母猪圈舍附近或专用的配种栏内为好，绝对禁止在公猪舍附近配种，以免引起其他公猪的骚动不安。

七、人工授精精细化操作技术

(一) 人工授精的基本设备和设施

人工授精的基本设备和设施主要有：恒温冰箱、恒温箱、恒温水浴锅、双重蒸馏水机、显微镜、恒温磁力搅拌器、输精瓶或输精袋、输精管、运送精子的保温箱、分光光度计和精子密度仪。

(二) 采精公猪的调教

① 先调教性欲旺盛的公猪，下一头隔栏观察、学习。

② 清洗公猪的腹部及包皮部，挤出包皮积尿，按摩公猪的包皮部。

③ 诱发爬跨：用发情母猪的尿或阴道分泌物涂在假台畜上，同时模仿母猪叫声，也可以用其他公猪的尿或口水涂在假母猪上，诱发公猪的爬跨欲。

④ 上述方法都不奏效时，可赶来一头发情母猪，让公猪空爬几次，在公猪很兴奋时赶走发情母猪。

⑤ 公猪爬上假台畜后即可进行采精。

⑥ 调教成功的公猪在 1 周内每隔 1 天采 1 次，巩固其记忆，以形成条件反射。对于难以调教的公猪，可实行多次短暂训练，每周 4~5 次，每次至多 15~20 分钟。如果公猪表现厌烦、受挫或失去兴趣，应该立即停止调教训练。后备公猪一般在 8 月龄开始采精调教。

⑦ 注意：在公猪很兴奋时，要注意公猪和采精员的安全，采精栏必须设有安全角。

无论哪种调教方法，公猪爬跨后一定要进行采精，不然，其很容易对爬跨母猪台失去兴趣。调教时，不能让两头及以上公猪同时在一起，以免引起公猪打架等，影响调教的进行和造成不必要的经济损失。

（三）采精的精细化操作

1. 采精器械的准备

（1）假台畜　要求牢固，并能根据猪的体型大小进行上下调节，同时铺上麻袋或软性垫层等使猪感到舒适，使其处于最佳采精状态。

（2）集精杯　集精杯可用一次性无毒塑料杯或泡沫杯，也可用保温杯，放上集精袋和过滤纱布，放到恒温箱预热到 35~37℃，避免精子受到温差的影响。上方以数层纱布覆盖，以滤去公猪射出精液中的胶状物。把预热好的集精杯放入保温的精液运送箱中，放到采精房中安全且容易拿到的地方。

2. 采精过程

① 饲养员将待采精的公猪赶到采精房，采精员清洁干燥双手，戴上双层采精手套（不能用带有滑石粉的乳胶手套，不能用聚氯乙烯手套），用 0.1% 高锰酸钾溶液清洗其腹部和包皮。

② 引导公猪爬跨假台畜。

③ 把集精杯从精液运送箱中取出。

④ 公猪爬跨假台畜后，逐步伸出阴茎，采精员应脱掉外层手套，用手将公猪阴茎龟头导入空拳。

⑤ 用手（大拇指与龟头相反方向）紧握伸出的公猪阴茎螺旋状龟头，顺其向前冲力将阴茎的"S"状弯曲拉住，轻轻握紧阴茎龟头防止其旋转，即可射精。

⑥ 第1次射出的液体不要采集，当奶油状白色的液体流出来时，开始用集精杯收集精液，直至公猪射精完全停止。在公猪射精完成前不要放松阴茎，否则会使公猪受挫影响性功能，甚至会变的危险起来。

⑦ 采精完毕后要在集精杯外面贴上记录公猪号、采精时间的标签。

⑧ 马上把采好精液的集精杯放入保温运送箱中，不要拿掉过滤纱布，把保温箱放在移送窗口，送至专门的精液稀释实验室。

⑨ 让公猪自己从假台畜上下来，不要碰触或催促，以免产生不必要的损伤。

⑩ 让公猪稍作休息后，赶回公猪舍。

⑪ 采精过程不能殴打公猪，防止出现性抑制。采精员应注意安全，一旦出现公猪攻击行为，应立即逃避到设置有安全防护栏的安全角落。

⑫ 每天采精完毕后及时清洗、消毒采精房。

3. 采精过程注意事项

① 精液受污染的危险主要来自包皮的积液、包皮囊上掉下的粪尘和皮屑。应特别注意采集过程不宜受污染而降低精液的质量。

② 温度的急剧变化对精液的质量损害很大，因此精液的采集过程中应备加注意。

③ 采精时应避免阳光直接照射精液。

④ 采精可能花费5~20分钟，要有耐心，不能催促，特别是在射精完全停止前不能放松阴茎，应让公猪感到愉悦、舒畅。

（四）精液品质检查的精细化操作

① 精液移送到实验室，去除过滤层，擦拭集精杯，严防精液被污染。

② 称精液量。称量采精收集的精液，并按 1 克约等于 1 毫升的标准计算精液量。

③ 观察颜色。正常的精液是乳白色或浅灰白。精子密度越高，色泽越浓，其透明度越低。如果带有绿色或黄色以及淡红色或红褐色，这样的精液应舍弃不要。

④ 闻气味。猪精液略带少许腥味，如有异常气味，应废弃。

⑤ 检查精子活力。活力是指呈直线运动的精子百分率。准备已预热到 35℃ 的载玻片，用滴管吸 1 滴精液，用盖玻片均匀地盖住液面，用 100 倍或 400 倍的显微镜检查。一般按 0.1～1 的十级评分法进行，鲜精活力要求不低于 0.7。

⑥ 检查精子密度。精子密度是指每毫升原精液中所含的精子数，是确定稀释倍数的重要指标。用精子密度仪或分光光度计检测。

⑦ 检查精子畸形率。畸形率是指异常精子的百分率，一般要求畸形率不超过 18%，通过显微镜观察可计算出活精子的畸形率。

⑧ 要求实事求是地准确填写精液品质检查登记表。

（五）精液稀释的精细化操作

精液稀释的目的是使一头公猪的繁殖力比自然交配扩大很多倍，而且受胎率并不下降。最常用的稀释后输精量为 100 毫升，其中含活精子数为 40 亿个。如果使用子宫内输精，输精量可以减半。

1. 正确选择稀释粉

稀释液的要求是对精子的活力、受精能力以及单个精子的总存活能力没有影响。配制精液稀释液时，必须用高质量的蒸馏水和稀释粉，蒸馏水可购买或自行制作。有 3 种不同类型的稀释粉，可根据用途选择正确的种类：短效稀释粉，稀释后精液后 24 小时内用掉；中效稀释粉，稀释好精液后 4 天内用掉；长效稀释粉，稀释后精液后 8 天内用掉。

2. 对精液进行标识

把采集后的精液放进预热后的烧杯中，贴上标签。

3. 计算稀释倍数及分装的头份

用标准的计算公式计算能分装的头份数和需要加入稀释液的数量。

$$稀释倍数 = \frac{精液量（毫升）\times 精子密度（\times 1\,000\,000/\,毫升）\times 精子活力（\%）\times [1-异常精子（\%）]}{4\,000 \times 1\,000\,000 \text{个单次输精所需的最少有效精子数}}$$

猪精液经稀释后，要求每毫升含 1 亿个精子。如果密度没有测定，稀释倍数国内地方品种一般为 0.5~1 倍，引入品种为 2~4 倍。

4. 调温

稀释精液时，应将精液与稀释液温度调节一致。一般先将精液和稀释液放在同一室温中调温，温度保持在 30~35℃。两者相差不能超过 0.5℃，以防止温度变化对精子的破坏。

5. 加入稀释液

把混合好的精液慢慢倒入输精瓶或精液袋中，轻轻搅动，充分混合。

6. 精液的分装

正常每头份容量为 100 毫升或根据需要量进行分装。分装后盖上输精瓶盖或封好精液袋的口，贴上相应的标签，慢慢冷却。

（六）混合精液技术

混合精液技术是指将 2 头或 2 头以上公猪精液混合后输精的技术。混合精液处理有两种方法：一种是将 2 头或 2 头以上的新鲜精液按 1：1 稀释混合计算精子密度，再加入所需的稀释液；另一种方法是将每头公猪的新鲜精液稀释到终浓度后再进行混合。

混合精液的优点是可提高实验室中精液的处理效率，可使 2~6 头公猪精液混合同时处理，有助于减少公猪间遗传上受精能力的差异对受精效果的影响，有提高母猪受胎率和产仔数的趋势。但有时 2 头公猪精液混合后，受精能力有可能反而会降低，因此应注意检测精液混合后精子的活力是否下降。如果下降，说明某一头公猪的精液不宜与其他公猪的精液混合，这种情况出现的概率较低。

（七）精液的保存和运送

1. 保存

对 4 小时以后才使用的精液，必须放入 17℃ 的恒温冰箱中保存。

在保存的过程中，精子会沉淀下降，需每隔 24 小时以 180°的角度慢慢转动输精瓶或输精袋。

恒温冰箱中不要放置过多的袋装或瓶装精液，靠近温感探头的位置不要放，否则会影响温度的稳定。温度计要插入放有水的精液瓶内测定温度，才能代表保存精液的实际温度。

2. 运送

运送时，把分装后的精液从恒温箱中取出，放入保温箱中送到配种区域；使用时从保温箱中取出，不需升温，可直接使用。

（八）输精的精细化操作

输精是人工授精的最后一个技术环节，适时而准确地把一定量的优质精液输到发情母猪生殖道内适当部位，这是得到较高受胎率的重要保证。

① 精液检查。从 17℃ 恒温冰箱或保温箱中取出精液，轻轻摇匀，取 1 滴精液放在载玻片，置于 34℃ 水浴锅中遇热或直接在恒温载物台上加热。用显微镜检查活力，精液活力大于或等于 0.7，才可以进行输精。低温保存的精液，待精子复苏，检查活力后方可输精。

② 将需要输精的母猪赶到特定的配种栏或定位栏，配种员通过压背和抚摸腹部两侧及乳房，给母猪进一步的刺激。

③ 赶一头性欲强的成年公猪，放在配种栏旁边，使母猪在输精时与公猪口鼻部接触。公猪在促进母猪静立，保持较好交配姿势方面所起的作用很大。在没有公猪的情况下，只有大约 50% 的发情母猪对饲养员的骑背试验反应正常。当公猪存在时，或者公猪能被母猪听到或嗅到，这个比例将达到或超过 90%。公猪的唾液包含有一种气味的性外激素，这种气味可引起猪发情，刺激母猪作出交配姿势。

④ 输精人员消毒清洁双手。

⑤ 准备好输精所需材料：记录本、纸巾、一次性手套、润滑剂、一次性输精管、放在保温运送箱中的精液、清洗外阴部的材料。

⑥ 输精前先用 0.1% 的高锰酸钾溶液洗涤母猪外阴部，用干净纸巾擦干。

⑦ 从塑料袋中取出一次性输精管，在输精管头部涂上润滑剂。

⑧ 将输精管稍微向上斜 45°，插入母猪的阴道。当插入 25～30

厘米时，会感到有一点阻力，此时输精管已达到子宫颈口，再稍微用力旋转则进入子宫颈的第 2~3 皱褶处即可，再轻轻回拉看是否被锁住，如锁住即可输精。子宫内输精用的输精管与常规输精管的区别在于子宫内输精用的输精管顶部内置一段约 12 厘米长的软质橡胶管。当输精时，在输入精液压力的作用下，橡胶管会自动弹出，伸入子宫内，将精液导入子宫内。

⑨ 从保温箱中取出精液瓶，慢慢转动，以混合精液和稀释液。用剪刀剪掉盖子的顶端或用手扒开盖子。

⑩ 把精液瓶插入输精管中，排净输精管内的空气，尽量抬高输精瓶，使精液顺利自然流入母猪体内。

⑪ 输精员反向坐在母猪背上，用食指按压摩擦母猪阴蒂，刺激引导和子宫收缩，将精液吸入体内。熟练的输精员可同时开展整批发情母猪的同步输精工作，以提高输精效率。

⑫ 调节输精瓶的高低来控制输精速度，输精时间要求 3~5 分钟。输完一头母猪后，应在防止空气进入母猪生殖道的情况下，把输精管后端一小段折起，用精液瓶倒扣固定使其滞留在生殖道内 3~5 分钟，然后用手轻轻地将输精管旋转、拉出。千万不能让母猪自由甩出。

⑬ 输精后，立即将输精管、精液瓶等收集统一处理。不宜随意丢弃，以免堵塞排粪沟并影响环境卫生。

输精过程中还要注意以下几个事项。

① 后备母猪和过肥经产母猪应采用专用尖头输精管。

② 后备母猪阴户柔嫩，输精时动作一定要温柔。个别母猪反应极兴奋，应通过与公猪亲密接触或背部、腹部和乳房按摩，使其安静，达到良好的输精状态。

③ 在拔出输精管时，要双手握住，往与插入锁住子宫颈时旋转的相反方向轻轻旋转，缓慢向外拉出。如阻力过大，切勿硬拉，以防对母猪阴户造成损伤。

（九）输精操作的跟踪分析

输精评分的目的在于如实记录输精时具体情况，便于以后在返情失配或产仔少时查找原因，制定相应的对策，在以后的工作中作出改进的措施，输精评分分为 3 个方面 3 个等级。

站立发情：1分（差）、2分（一些移动）、3分（几乎没有移动）。

锁住程度：1分（没有锁住）、2分（松散锁住）、3分（持续牢固紧锁）。

倒流程度：1分（严重倒流）、2分（一些倒流）、3分（几乎没有倒流）。

为了使输精评分可以比较，所有输精员应按照相同的标准进行评分，且单个输精员应做完一头母猪的全部几次输精，实事求是地填报评分。

具体评分方法：比如一头母猪站立反射明显，几乎没有移动，持续牢固紧锁，一些倒流，则此次配种的输精评分为333，不需求和。

通过报表可以统计分析出：适时配种所占比例，每头公猪的生产成绩，每位输精员的技术操作水平，返情与输精评分的关系。

第三章 妊娠母猪的精细化饲养管理

第一节 妊娠母猪的生理特点

一、母猪妊娠期在母猪整个繁殖周期中的重要性

(一) 妊娠期母猪饲养的目标

从精子与卵子的结合、胚胎着床、胎儿发育直至分娩，这一时期对母猪称为妊娠期，对新形成的生命个体来说称之为胚胎期。这一时期饲养的目标是产出一窝数量多、初生重大且均匀、活力强的仔猪，同时母猪健康且具有充分发育的乳腺和良好的机体养分储备。

(二) 母猪妊娠期在母猪的繁殖周期中最长，又最容易被忽视

母猪妊娠期平均为 114 天。一个理想繁殖周期为：妊娠期+哺乳期+断奶后到配种时间 = 114+28+5 = 147 天，其中妊娠期 114 天占整个周期时间的 77.55%。

而往往这时间最长，起到承上启下作用的妊娠期最容易被人忽视。经常是母猪配种后放置到单体限位栏后，除了确定妊娠就不会被人过多的注意了，所以小到出现哺乳期泌乳问题、仔猪问题，大到出现某个阶段生产成绩不好，或者重要参数指标数据偏低，母猪非正常淘汰率高时才引起管理人员的注意，但那时发现为时已晚。正确的做法是要未雨绸缪，重视妊娠期管理的重要性。

二、妊娠母猪的生理特点

(一) 妊娠母猪的代谢特点与体重变化

胎儿的生长发育，子宫及其他器官的发育，使母猪食欲增高，饲

料的消化率和利用率增强，故在饲养上应尽量满足这一要求；但妊娠母猪不是增重越多越好，而是要控制到一定程度一般瘦肉型初产母猪体重增加 35~45 千克，经产母猪体重增加 32~40 千克。

（二）妊娠期间胚胎和胎儿的生长发育

1. 胎儿的生长曲线

胚胎的生长发育特点是前期形成器官，后期增加体重，器官在 21 天左右形成，初生体重的 1/3 生长在妊娠的前 84 天，而初生体重的 2/3 生长在妊娠最后 30 天。

2. 引起胚胎死亡的 3 个关键时期

胚胎的蛋白质、脂肪和水分含量增加，特别是矿物质含量增加较快。母猪妊娠后，有 3 个容易引起胚胎死亡的关键时期，分别是 9~13 天、18~24 天、60~70 天。

（1）第一个关键时期　出现在 9~13 天，此时，受精卵开始与子宫壁接触，准备着床而尚未植入，如果子宫内环境受到干扰，最容易引起死亡，这一阶段的死亡数占总胚胎数的 20%~25%。

（2）第二个关键时期　出现在 18~24 天，此时，胚胎器官形成，在争夺胚盘分泌的物质的过程中，弱者死亡，这一阶段死亡数占胚胎总数的 10%~15%。

（3）第三个关键时期　出现在 60~70 天，此时，胚盘停止发育，而胎儿发育加速，营养供应不足可引起胚胎死亡，这一阶段死亡数占胚胎总数的 5%~10%。

第二节　母猪早期妊娠诊断与返情处置

妊娠诊断是母猪繁殖管理上的一项重要内容。配种后，越早确定妊娠对生产越有利，可以及时补配，防止空怀，对于保胎、缩短胎次间隔、提高繁殖力和经济效益具有重要意义。一般情况下，母猪妊娠后性情温驯、喜安静、贪睡、食量增加、容易上膘，皮毛光亮和阴户收缩。一般来说，母猪配种后，过一个发情周期没有发情表现说明已妊娠，到第二个发情期仍不发情就能确定是妊娠了。

一、母猪早期妊娠诊断方法

近年来较成熟、简便，并具有实际应用价值的早期妊娠诊断技术主要有以下几个。

（一）超声诊断法

超声诊断法是利用超声波的物理特性，将其和动物组织结构的声学特点密切结合的一种物理学诊断法。其原理是利用孕体对超声波的反射来探知胚胎的存在、胎动、胎儿心音和胎儿脉搏等情况来进行妊娠诊断。目前用于妊娠诊断的超声诊断仪主要有 A 型、B 型和 D 型。

1. B 型超声诊断仪

B 型超声诊断仪可通过探查胎体、胎水、胎心搏动及胎盘等来判断妊娠阶段、胎儿数、胎儿性别及胎儿状态等。具有时间早、速度快、准确率高等优点，但价格昂贵、体积大，只适用于大型猪场定期检查。

2. 多普勒超声诊断仪（D 型）

该仪器可通过测定胎儿和母体血流量、胎动等做较早期诊断。有实验证明，利用北京产 SCD-II 型兽用超声多普勒仪对配种后 15~60 天母猪检测，认为 51~60 天准确率可达 100%。

3. A 型超声诊断仪

这种仪器体积较小，如手电筒大，操作简便，几秒钟便可得出结果，适合基层猪场使用。据报道，这种仪器准确率为 75%~80%。试验表明，用美国产 PREG-TONE II PLUS 仪对 177 头次母猪进行检测，结果表明，母猪配种后，随着妊娠时间增长，诊断准确率逐渐提高，18~20 天时，总准确率和阳性准确率分别为 61.54% 和 62.50%，而在 30 天时分别提高到 82.5% 和 80.00%，75 天时都达到 95.65%。

（二）激素反应观察法

1. 孕马血清促性腺激素（PMSG）法

母猪妊娠后有许多功能性黄体，抑制卵巢上卵泡发育。功能性黄体分泌孕酮，可抵消外源性 PMSG 和雌激素的生理反应，母猪不表现发情即可判为妊娠。方法是于配种后 14~26 天的不同时期，在被检母猪颈部注射 700 单位的 PMSG 制剂，以判定妊娠母猪并检出妊娠母猪。

判断标准：以被检母猪用 PMSG 处理，5 天内不发情或发情微弱及不接受交配者判定为妊娠；5 天内出现正常发情，并接受公猪交配者判定为未妊娠。试验结果为，在 5 天内妊娠与未妊娠母猪的确诊率均为 100%。且认为该法不会造成母猪流产，母猪产仔数及仔猪发育均正常，具有早期妊娠诊断和诱导发情的双重效果。

2. 己烯雌酚法

对配种 16~18 天母猪，肌内注射己烯雌酚 1 毫升或 0.5%丙酸己烯雌酚和丙酸睾丸酮各 0.22 毫升的混合液，如注射后 2~3 天无发情表现，说明已经妊娠。

（三）尿液检查法

1. 尿中雌酮诊断法

用 2 厘米×2 厘米×3 厘米的软泡沫塑料，拴上棉线作阴道塞。检测时从阴道内取出，用一块硫酸纸将泡沫塑料中吸纳的尿液挤出，滴入塑料样品管内，于-20℃贮存待测。尿中雌酮及其结合物经放射免疫测定（RIA），小于 20 毫克/毫升为非妊娠，大于 40 毫克/毫升为妊娠，20~40 毫克/毫升为不确定。蔡正华等报道其准确率达 100%。

2. 尿液碘化检查法

在母猪配种 10 天以后，取其清晨第一次排出的尿放于烧杯中，加入 5%碘酊 1 毫升，摇匀，加热、煮沸，若尿液变为红色，即为已怀孕；如为浅黄色或褐绿色说明未孕。本法操作简单，据农丁报道，准确率达 98%。

（四）血小板计数法

文献报道，血小板显著减少是早孕的一种生理反应，根据血小板是否显著减少就可对配种后数小时至数天内的母畜作出超早期妊娠诊断。该方法具有时间早、操作简单、准确率高等优点。尤其是为胚胎附植前的妊娠诊断开辟了新的途径，易于在生产实践中推广和应用。

在母猪配种当天和配种后第 1~11 天从耳缘静脉采血 20 微升置于盛有 0.4 毫升血小板稀释液的试管内，轻轻摇匀，待红细胞完全破坏后，再用吸管吸取 1 滴充入血细胞计数室内，静置 15 分钟后，在高倍镜下进行血小板计数。配种后第 7 天是进行超早期妊娠诊断的最佳血检时间，此时血小板数降到最低点（250±91.13）×10^3/毫米^3。试验母猪经过 2 个月后进行实际妊娠诊断，判定与血小板计数法诊断的妊娠符合率为 92.59%，未妊娠符合率为 83.33%，总符合率为 93.33%。该方法有时间早、准确率高等优点。

（五）其他方法

1. 公猪试情法

配种后 18~24 天，用性欲旺盛的成年公猪试情，若母猪拒绝公猪接近，并在公猪 2 次试情后 3~4 天始终不发情，可初步确定为妊娠。

2. 阴道检查法

配种 10 天后，如阴道颜色苍白，并附有浓稠黏液，触之涩而不润，说明已经妊娠。也可观看外阴户，母猪配种后如阴户下联合处逐渐收缩紧闭，且明显地向上翘，说明已经妊娠。

3. 直肠检查法

要求为大型的经产母猪。操作者把手伸入直肠，掏出粪便，触摸子宫，妊娠子宫内有羊水，子宫动脉搏动有力，而未妊娠子宫内无羊水，弹性差，子宫动脉搏动很弱，很容易判断是否妊娠。但该法操作者体力消耗大，又必须是大型经产母猪，所以生产中较少采用。

除上述方法外，还有血或乳中孕酮测定法、EPF 检测法、红细胞凝集法、掐压腰背部法和子宫颈黏液涂片检查等。母猪早期妊娠诊断方法有很多，各有利弊，临床应用时应根据实际情况选用。

二、返情的处置

繁殖母猪发情期进行配种后没有怀孕的现象称为返情。返情率的增加，会导致配种分娩率降低，从而影响养殖户的经济效益。

（一）母猪返情的原因

1. 受精失败

（1）不能做到适时配种　一般来说，断奶母猪出现发情时间越早，发情持续时间越长，排卵时间越迟。相反，断奶母猪出现发情时间越迟，发情持续时间越短，排卵时间越早。所以，对于断奶母猪在 1 周内出现发情的，查情发现静立反射的要推迟 12 小时输精更为合理，对于断奶后 1 周以上的经产母猪、后备母猪，查情发现静立反射的可立即输精。

（2）配种员技术不熟练　配种技术人员经验不丰富，查情查孕不准，最佳输精时机的掌握欠佳，造成受孕失败，母猪返情。配种过程不仅是一个简单的输精过程，还包括发情鉴定、输情时机判断、母猪稳定情况评定等。输精过程还包括配种前栏舍、母猪外阴的清洗消毒、输精管的插入方式、子宫颈对输精管锁紧程度及判断的输精速度的把握等环节。

（3）精液品质不良　精液品质好坏是影响受胎率的主要因素之一。没有品质优良的精液，要想提高母猪的受胎率是不现实的。对精液的品质进行物理性状（精液量、颜色、气味、精子密度、活力、畸形率等）检查，确保精液质量合格。

（4）卫生环境不好　母猪经配种圈转至限位栏，环境发生变化，对于初产母猪产生很大的应激，加之初产母猪体型较小，而限位栏本身尺寸要宽些，猪只经常在圈舍中发生翻越、爬跨和调头现象，在剧烈的运动应激下，会使母猪的肾上腺素分泌亢进，这类激素可能会导致早期胚胎死亡，造成母猪重新发情。

2. 胚胎着床失败

（1）气温过高　高温对配种后的母猪的影响同样不能忽视。夏季母猪的返情数量明显偏高。究其原因母猪在热应激条件下表现为卵巢机能减退，受胎率下降，甚至早期流产返情。

（2）管理性应激　配种后母猪的饲养管理水平也是引起返情的重要因素。咬架、转栏、运输等应激因素可影响到母猪的内分泌状态，咬架时，会使母猪的肾上腺素分泌亢进，而导致胚胎死亡。

（3）母猪患繁殖障碍性疾病　猪蓝耳病、伪狂犬病、细小病毒病等会直接或间接地影响母猪的受胎率，导致返情发生。这些疾病的病原可以直接侵犯母猪的生殖系统，导致用于维持妊娠的生殖激素分泌紊乱，从而致使妊娠的终止。配种后在胚胎的着床期感染这些疾病，就能导致受胎失败，出现返情。

（二）处置

为减少母猪返情率，常见措施有以下几点。

1. 提供合格的精液

对精液的品质进行物理性状（精液量、颜色、气味、精子密度、活力、畸形率等）检查，确保精液质量合格。同时，在高温季节到来前调整好防暑降温设备及采取向饮水中添加抗应激药、营养药等措施，以减少热应激对公猪精液品质的影响。

2. 提高配种技术

经常培训技术人员以提高发情鉴定、输情时机判断、母猪稳定情况评定、输精等技术。

3. 做好猪舍环境卫生

每天清扫猪舍，减少病原微生物的滋生环境，并定期消毒，保证猪舍环境干净卫生。

4. 做好种母猪预防保健管理，减少母畜繁殖障碍疾病

为保证母猪有一个健康的体况，必须做好母猪的预防保健工作。尤其做好猪瘟、猪繁殖与呼吸综合征、猪伪狂犬病、猪细小病毒等会直接或间接地影响母猪怀胎的疾病的预防接种。减少细菌感染机会，特别是人工助产、人工授精、产后护理过程中，严格消毒，动作舒缓。一旦发现母猪子宫炎症，应及时治疗。

5. 提高饲料质量，合理调配母猪配种期营养水平

保证母猪的饲料质量，保证母猪有一个健康适宜的体况，以利发情配种。配种前后一段时间，尤其是配种后母猪的饲营养水平的掌握是保证母猪受胎和产仔多少的关键因素。一般配种前1天到配种后的1个月内是禁止高能饲料饲喂的阶段，因为过高的营养摄入将会导致受精卵的死亡、着床失败。适当补充青绿饲料，加入电解多维，以补充维生素的不足。在怀孕后期40天内提高营养水平，保证胎儿健康生长。

第三节　妊娠母猪的精细化饲养管理

一、妊娠母猪的营养需要

为实现妊娠期母猪的饲养目标，应根据胚胎的生长发育规律、母

猪乳腺发育和养分储备的需要，进行合理的限制饲养，建议将妊娠期分为妊娠前期、妊娠中期和妊娠后期，精确地控制母猪的体增重并保证胎儿的生长发育，这样既可节约生产成本，又不影响母猪最高繁殖效率的实现。

妊娠的不同阶段母猪的营养需要也不同。

（一）妊娠前期（配种后的 30 天以内）

这个阶段胚胎几乎不需要额外营养，但有两个死亡高峰，饲料饲喂量应相对减少，质量要求高，一般喂给 1.5~2.0 千克的妊娠母猪料，饲粮营养水平为：消化能 2 950~3 000 千卡/千克，粗蛋白 14%~15%，青粗饲料给量不可过高，不可喂发霉变质和有毒的饲料。

（二）妊娠中期（妊娠的第 31~84 天）

喂给 1.8~2.5 千克妊娠母猪料，具体喂料量以母猪体况决定，可以大量喂食青绿多汁饲料，但一定要给母猪吃饱，防止便秘。严防给料过多，导致母猪肥胖。

（三）妊娠后期（临产前 30 天）

这一阶段胎儿发育迅速，同时又要为哺乳期蓄积养分，母猪营养需要高，可以供给 2.5~3.0 千克的哺乳母猪料。此阶段应相对地减少青绿多汁饲料或青贮料。在产前 5~7 天要逐渐减少饲料喂量，直到产仔当天停喂饲料。哺乳母猪料营养水平：消化能 3 050~3 150 千卡/千克，粗蛋白 16%~17%。

二、妊娠母猪的饲养方式

在饲养过程中，因母猪的年龄、发育、体况不同，就有许多不同的饲养方式。但无论采取何种饲养方式都必须看膘投料，妊娠母猪应有中等膘情，经产母猪产前应达到七八成膘情。初产母猪要有八成膘情。根据母猪的膘情和生理特点来确定喂料量。

（一）抓两头带中间饲养法

适用于断奶后膘情较差的经产母猪和哺乳期长的母猪。在农村，由于饲料营养水平低，加上地方品种母猪泌乳性能好，带仔多，母猪体况较差故选用此法。在整个妊娠期形成一个"高-低-高"的营养水平。

（二）步步高饲养法

适用于初配母猪。配种时母猪还在生长发育，营养需要量较大，所以整个妊娠期间的营养水平都要逐渐增加，到产前 1 个月达到高峰。其途径有提高饲料营养浓度和增加饲喂量，主要是以提高蛋白质和矿物质为主。

（三）前粗后精法

即前低后高法；此法适用于配种前膘情较好的经产母猪，通常为营养水平较好的提早断奶母猪。

（四）"一贯式"饲养法

母猪妊娠期合成代谢能力增强，营养利用率提高这些生理特征，在保持饲料营养全面的同时，采取全程饲料供给"一贯式"的饲养方式。值得注意的是，在饲料配制时，要调制好饲料营养，不过高，也不能过低。

应当注意的是，妊娠母猪的饲料必须保证质量，凡是发霉、变质、冰冻、带有毒性及强烈刺激性的饲料（如酒糟、棉籽饼）均不能用来饲喂妊娠母猪，否则容易引起流产；饲喂的时间，次数要有规律性，即定时定量，每日饲喂 2~3 次为宜；饲料不能频繁更换和突然改变，否则易引起消化机能的不适应；日粮必须要有全面，多样化且适口性好，妊娠 3 个月后应该限制青粗饲料的供给量，否则容易压迫胎儿引起流产。

三、妊娠母猪的精细化管理措施

妊娠母猪管理的中心任务是做好保胎工作，促进胎儿的正常生长发育，防止流产、化胎和死胎。因此，在生产中应注意以下几方面的管理工作。

1. 单栏饲养

母猪在配种舍混合饲养时，配种后应立即单栏饲养，防止其他发情母猪爬跨、惊扰、打架等影响母猪的受胎和胚胎着床。同时单栏饲养有利于定时定量饲喂。

2. 准确记录档案

母猪配种后档案应及时准确记录，随猪对应，并悬挂于显眼的位置。

3. 有序排列

根据配种时间不同，将同期配种母猪相对集中，有序排列，便于饲养管理和饲喂管理。

4. 喂料前检查

每天喂料和清理卫生前，要耐心检查母猪有无排粪、粪便形态，地面有无胚胎等母猪排出的异物，阴户有无变化、有无发情征状和子宫炎，以及母猪的精神面貌等各种情况，做好记号和记录。

5. 充足饮水

认真检查饮水器有无水、水流速度是否正常。没有安装饮水器的猪栏，在喂料前先给水，母猪采食饲料后及时给予充足的饮水，以满足其长时间对水的需求。

6. 定时、快速饲喂

喂料前的饲料准备等工作要做好。一旦开始喂料时动作要熟练、迅速，用可定量的勺，以最快的速度让每一头母猪先有料吃，最好料量能基本相同，让其安静下来，然后再根据不同的体况和怀孕时间添加核定的饲料量，以降低应激。

7. 喂料后检查

检查母猪的吃料情况和精神面貌，对不吃料、少吃料的怀孕母猪做好记号和记录，并通报技术人员。

8. 注意环境卫生

在母猪吃料后相对安静时要及时清理猪粪，并同时观察粪便的软硬度。做好圈舍的清洁卫生，保持圈舍空气新鲜。冲洗猪栏时，注意保持母猪睡觉位置或定位栏的前部干燥。每月定期进行带猪消毒两次，做好用复合有机碘制剂或复合醛制剂。

9. 防暑降温、防寒保暖

环境温度影响胚胎的发育，特别是高温季节，胚胎死亡率会增加。因此要注意保持圈舍适宜的环境温度，不过热过冷，做好夏季防暑降温、冬季防寒保暖工作。夏季降温的措施一般有洒水、洗浴、搭凉棚、通风等。标准化猪场要充分利用湿帘降温。冬季可采取增加垫草、地坑、挡风等防寒保暖措施，防止母猪感冒发热造成胚胎死亡或流产。

10. 做好驱虫、灭虱工作

猪的蛔虫、猪虱等内外寄生虫会严重影响猪的消化吸收、身体健康并传播疾病，且容易传染给仔猪。按照常规驱虫程序每年驱虫 3 次，寄生虫感染较严重的猪场，可以在产前 3 周加强 1 次，禁用可诱发流产的驱虫药，如左旋咪唑、敌百虫，可用毒性较低的广谱驱虫药，如阿维菌素、伊维菌素等。

11. 适当运动

妊娠母猪要给予适当的运动。妊娠的第 1 个月以恢复母猪体力为主，要使母猪吃好、睡好、少运动。此后，应让母猪有充分的运动，一般每天运动 1~2 小时。妊娠中后期应减少运动量，或让母猪自由活动，临产前 5~7 天应停止运动。

12. 有效防控疾病

根据本场的免疫程序和季节性流行疾病进行规范的免疫注射。防疫注射时应注意减少注射过程和疫苗对母猪的刺激和应激，避免造成流产。在例行检查时，如果发现怀孕母猪返情、流产、便秘等各种情况，必须认真分析、准确快速诊断，及时采取有效的技术措施。

四、妊娠母猪的环境控制

（一）妊娠母猪猪舍设施建设

猪舍设施建设不当或损坏，会对母猪造成伤害。在猪舍设施建设时，必须注意如下问题。

1. 料槽设置不当，造成母猪采食困难

妊娠母猪饲养在定位栏时，如料槽的采食空间与母猪头部的尺寸不相匹配，采食空间不足，会造成母猪采食困难，致使母猪长期跪着采食，损失蹄部和脸部，损害母猪健康。

2. 定位栏设计安装的细节处理不当，对母猪造成伤害

定位栏设计安装不当主要表现为焊点裸露、突出、尖锐，对母猪肌体造成伤害；定位栏隔栅尺寸设计不科学，致使母猪转头时卡住头部，或定位架近地面的横杆与地面之间距离过大，致使母猪睡卧时卡住头部，如果发现不及时，很容易造成怀孕母猪死亡；固定定位栏的

横杆高度不够，致使母猪背部损伤。

3. 定位栏的地面选材或建设不当，对母猪造成伤害

定位栏地面为水泥地面，无漏缝，尿液或冲水致使地面潮湿，可导致母猪的蹄壳角质应长期潮湿而变软，极易损伤。定位栏的地面用水泥或铸铁等材料制成的漏缝板，两片板之间的衔接间距过大或衔接不牢固，常致使母猪的脚踩入空隙而损伤。定位栏地面漏缝使用钢筋的，由于钢筋呈圆形状与母猪蹄部接触面小，单位面积受力大，妊娠母猪站立困难，有的在粪、尿的作用下，容易打滑，严重的会造成后腿拉伤。

（二）妊娠母猪舍的通风降温

1. 风扇通风

风扇通风的方式大体有两种，即在猪舍顶部安装吊扇和在猪舍的侧墙安装可旋转的风扇。这种通风方式可以促进舍内空气流动，让猪有舒适感，但不能起到降温的作用；而且随着吊扇的旋转，还会把屋面的辐射热传送给猪体，反而会造成妊娠母猪的热应激。因此，应用吊扇通风降温时应同时向屋面浇水（喷水）降温；或在屋面铺上一层厚厚的芦苇、稻草等隔热层，然后再浇水降温；或在猪舍吊顶增加隔热层。否则，不推荐使用这种通风降温方式。

2. 横向正压通风

在猪舍内部与猪体接近的位置安装若干大型风机同向送风，或者在猪舍两端安装风机向舍内送风，使猪舍内的空气压力略高于舍外的平均空气压力，以提高舍内空气的流速，这种方式比风扇降温效果好。如果能够结合舍内喷雾和滴水降温措施，效果会更好。

3. 负压通风

在密闭猪舍的一端安装与猪舍面积所需的通风量相匹配的风机，在猪舍的另一端设进风口。当开动风机时，猪舍内的空气压力低于舍外空气压力，空气会以高速沿猪舍长轴风向流动，犹如气流穿过隧道一样。当这种气流穿越猪舍长轴方向时，会带走舍内热量、湿气、粉尘和污染物，从而达到降温的目的。同样，如果结合舍内喷雾和滴水降温效果会更好。

4. 湿帘-风机降温系统

由湿帘、风机、循环水路和控制装置组成。在猪舍靠夏季主风向的一端安装湿帘及配套的水循环系统，另一端安装轴流风机，整个猪舍密闭，除湿帘外不应有其他进风口。湿帘的面积、轴流风机的功率应根据猪舍空间大小，由专业人员计算设计，以达到最佳的通风降温效果。通常情况下，使用湿帘-风机降温系统可使舍内温度降低3~7℃。

这一通风系统在为猪舍提供降温的同时，还会通过湿帘的过滤作用净化空气。但应注意保护靠近湿帘的妊娠母猪，要用挡板或麻袋固定在栏架上，以避免长时间相对较大湿度高速冷风吹在母猪身上会造成伤害。这一点在哺乳母猪舍和仔猪舍时更为重要。

（三）妊娠母猪舍的光照管理

妊娠期延长光照时间，能够促进孕酮分泌，增强子宫功能，有利于胚胎的发育，减少胚胎死亡，增加产仔数。据报道，妊娠期持续光照，受胎率提高10.7%，产仔数增加0.8头。妊娠90天开始，执行每天16小时光照、8小时黑暗的光照制度，比每天8小时光照、16小时黑暗的光照制度，仔猪初生重平均可增加120克。

一般地，妊娠母猪的光照推荐使用14~16小时光照、8~10小时黑暗的光照制度，光照强度以250~300勒克斯为好。

五、妊娠母猪常见问题的处理

（一）妊娠发情（假发情）

母猪假发情是指母猪配种后已怀孕，在下一个情期又出现发情表现。

1. 假发情和真发情的区别

① 假发情没有真发情明显，发情持续时间短，一两天就过去了。

② 进入圈内将母猪哄起，可见母猪的尾巴自然下垂或夹着尾巴走，而不是举尾摇摆。

③ 假发情的母猪不让公猪爬跨。

2. 假发情发生的原因

① 当妊娠初期母猪营养状况十分恶化时，如严重缺乏蛋白质、

维生维 B_1 等营养物质时，肝脏对血液循环中的雌激素的破坏作用减弱，致使雌激素的含量在短时间内有所增加，在雌激素的作用下出现假发情现象。

② 气候多变、生殖器官的疾病，也是造成母猪内分泌紊乱出现假发情的因素。

3. 假发情的防制措施

加强母猪妊娠后期的营养，使母猪达到九成膘以上；加强母猪泌乳初期的营养，使母猪在仔猪断奶后保持中等膘情，进行短期优饲，改善母猪配种前后和妊娠初期的营养状况，这是预防假发情的根本措施。另外，预防和治疗母猪生殖道疾病，做好早春的防寒保温工作，多喂青绿多汁饲料，也是防止假发情的措施。

（二）假妊娠

猪配种后并未怀孕，但腹围一天天大起来，乳房也发育膨大，到"临产期"前后，有时乳房还能挤出奶水，但最后并不产仔，腹围和乳房慢慢收缩回去，这种现象就是假妊娠。

1. 引起母猪假妊娠的原因

① 由于胚胎早期死亡与吸收，而妊娠黄体不消失（持久黄体），致使孕酮继续分泌，好像妊娠仍在继续。

② 营养不良、气候多变，以及生殖器官疾病，造成母猪内分泌紊乱，致使发情母猪排卵后所形成的性周期黄体不能按时消失（持久黄体），孕酮继续分泌，抑制了垂体前叶分泌促滤泡成熟素，滤泡发育停滞，母猪发情周期延缓或停止。在孕酮的作用下，子宫内膜明显增生、肥厚，腺体的深度与扭曲度增加，子宫的收缩减弱，乳腺小叶发育。

2. 预防母猪假妊娠的措施

① 做好分阶段饲喂工作，防止母猪膘情过肥或过瘦。要尽可能供给青绿饲料，要注意维生素 E 的补充，添加亚硒酸钠维生素 E 粉，或将大麦浸揾发芽后，补饲母猪。

② 如果母猪是异常发情，不要急于配种，应采取针对性治疗措施。在自然状态下正常发情后，再进行配种。

③ 做好断奶母猪的"短期优饲"。刚断奶隔离的母猪，应强化断

奶后的饲养管理，适量补充蛋白质饲料。每次断奶隔离后，都要进行一次驱虫、防疫。对于膘情特差的母猪，要在膘情得到有效恢复后，再进行配种。

④ 仔细观察母猪配种后的行为，发现假孕母猪及早采取措施，终止伪妊娠。

⑤ 预防生殖道疾病对卵巢功能造成影响，在母猪分娩后肌内注射青霉素，每天两次，连续3天。

⑥ 有针对性地选择使用激素类药物催情，最好在自然发情状态下进行配种。

⑦ 配合应用药物治疗：肌内注射前列腺素1~2毫克，或肌内注射甲基睾丸酮1~2毫克。

（三）胚胎死亡

母猪每个发情期排出的卵大约有10%不能受精，有20%~30%的受精卵在胚胎发育过程中死亡，出生仔猪数只占排卵数的60%左右。化胎、死胎、木乃伊胎和流产都是常见的胚胎死亡现象。

胚胎在妊娠早期死亡后被子宫吸收，称为化胎（隐形流产）。发生在妊娠中后期，胎儿死亡，但未排出，其组织中的水分和胎水被母体吸收，变为棕褐色，好像干尸一样，称为木乃伊胎；如胎儿死亡不久就在分娩时随活仔一起产出而胎儿未变化，称为死胎。流产是指胎儿或母体的生理过程发生紊乱，或它们之间的正常关系受到破坏，而使妊娠中断。

1. 胚胎死亡原因

（1）配种时间不适当　精子或卵子较弱，虽然能受精但受精卵的生活力低，容易早期死亡被母体吸收形成化胎。

（2）高度近亲繁殖　使胚胎生活力降低，形成死胎或畸形。

（3）母猪饲料营养不全　特别是缺乏蛋白质，维生素A、维生素D和维生素E，钙和磷等容易引起死胎。

（4）饲喂发霉变质、有毒有害、有刺激性的饲料　冬季喂冰冻饲料容易发生流产。

（5）过肥　母猪喂养过肥容易形成死胎。

（6）对母猪管理不当　如鞭打、急追猛赶，使母猪跨越壕沟或其他障碍，母猪相互咬架或进出窄小的猪圈门时互相拥挤等都可能造成母猪流产。

（7）某些疾病的影响　如猪瘟、伪狂犬病、乙型脑炎、细小病毒、高烧和蓝耳病等可引起死胎或流产。

2. 防止胚胎死亡的措施

（1）妊娠母猪的饲料要好，营养要全　尤其应注意供给足量的蛋白质、维生素和矿物质。不要把母猪养的过肥。不要喂发霉变质、有毒有害、有刺激性和冰冻的饲料。

（2）饲喂　妊娠后期可增加饲喂次数，每次给量不宜过多，避免胃肠内容物过多而压挤胎儿。产前应给母猪减料。

（3）管理　防止母猪咬斗、跳圈和滑倒等，不能迫赶或鞭打母猪，夏季防暑，冬季保暖防冻。

（4）有计划地配种，防止近亲繁殖　要掌握好发情规律，做到适时配种。

（5）注意卫生，控制疾病

（6）保胎　对出现减食或不吃，行动异常，阴户红肿并流出黏液，不时努责，可能会流产的妊娠母猪，应及时注射黄体酮10~30毫克，并内服镇静剂来保胎。

（7）人工流产　对已到达预产期有产仔表现，乳房膨胀且分泌乳汁，流产已难免或死胎已成木乃伊胎而残留在子宫内的母猪，可采取人工流产。方法是先注射雌二醇4毫克，6~8小时后肌内注射催产素3~6毫克或地塞米松200毫克。

（四）肢蹄病

发病母猪主要表现为行走不便，四肢或部分无力，严重者呈现跛行或站立不稳，有的肢蹄细软，有的关节肿胀发热或脓肿，有明显疼痛感，有的蹄叶、蹄叉炎症，有的出现蹄裂，最终导致难以承受自身重量，更为严重者出现卧地不起甚至瘫痪而被迫淘汰。

1. 发病原因

（1）品种因素　由于某些品种本身的种质特征决定猪易发生肢蹄病，如杜洛克猪的蹄壳耐磨程度较差，某些传统品种品系的长白猪，其胫骨轻细，肢蹄不够发达，往往会导致承受力不足引起母猪肢蹄病的发生。

（2）营养因素　当日粮中钙、磷比例不当或缺乏，会引起母猪肢蹄无力，甚至后肢瘫痪；初生仔猪缺硒可引起培育过程中的后备母猪肢蹄偏软；饲料中维生素 D 缺乏会影响钙、磷的吸收，易造成种猪骨软化、跛行，而缺乏维生素 H 则易引起肢蹄损伤、蹄裂。

（3）设备因素　目前绝大多数的养猪场都采用的是高床限位栏和铸铁漏缝地板，这种设施极易对母猪肢蹄造成损伤，并加速其磨损；有的猪场单体母猪栏的栏架下横杆离地面过高，这样虽便于清扫，但母猪卧地时四肢易越过栏杆过多，站起时往往会造成肢蹄扭伤等。

（4）管理及病理因素　管理方面如转群、并圈，舍内卫生状况差、粪便清理不及时，配种时地面坡度大、公猪体重过大，猪相互殴斗，猪的饲养密度过大、缺乏光照、拥挤等；病理方面如口蹄疫、链球菌病、猪丹毒等均可引起母猪肢蹄受损，导致其跛行进而遭到淘汰。

2. 预防措施

（1）制定合理的引种方案　在引种、育种过程中，根据不同品系猪的优缺点，采取针对性的措施，克服种母猪的先天性弊端。

（2）提供营养全面均衡的全价饲料　最重要的要确保钙磷比例恰当。

（3）改善必要的饲养设施　如增加限位栏空间，使用具有较好柔韧性、防水防滑、耐腐蚀的新型材料代替铸铁地板或混凝土地板，地面坡度不可过大，母猪栏架配置合理，对具有潜在隐患的部位及时进行修复或改进。

（4）精细化管理　加强管理的措施有很多，关键靠饲养人员认真去落实。避免频繁换圈、合群；搞好栏舍卫生，保持地面清洁干燥；防止母猪跳圈、咬架、殴斗等行为发生；增加种母猪的运动和光照时间；调节母猪饲养密度，减少拥挤和踩踏；配种时选择体重适宜的种公猪，并选择有一定坡度、平坦无尖锐异物的地面进行等。

（五）过肥过瘦

1. 过肥的影响

① 影响胚胎的着床。一般的情况下，母猪会排出 30 个左右成熟的卵子，为什么等到生的时候就会生出几个和十几个的仔猪？其实原因就是肥胖，当受精卵要着床的时候，根本就没有合适的地方生长，这就是胚胎的早期死亡！

② 过肥会导致母猪的难产。

③ 过肥会导致母猪的产前和产后的不食。

④ 过肥还会导致母猪的生殖系统炎症。

⑤ 过肥会导致母猪的乳房炎的发生。

2. 过瘦的影响

① 过瘦也会影响发情，原因是没有良好的营养补充身体，就会影响激素的分泌，影响排卵。

② 母猪过瘦会影响仔猪的发育，就会导致胎弱和畸形及个体大小不一。

③ 母猪过瘦会导致母猪生产时宫缩无力，发生难产。

④ 母猪过瘦会导致生产后瘫痪。

⑤ 母猪过瘦会导致仔猪黄白痢的发生，影响仔猪的生长。

所有导致母猪过肥、过瘦的原因都出在饲料上。因此，必须重视饲料营养，重视母猪的管理。

第四章 分娩及哺乳母猪的精细化饲养管理

分娩及哺乳母猪的饲养目标是最大限度地提高初生仔猪的成活率、断奶窝重，提高母猪采食量，减少哺乳母猪损伤，保持母猪良好的体况，从而缩短断奶发情间隔，提高母猪利用率，确保母猪良好的健康水平。

第一节 母猪转栏与分娩前精细化管理

一、预产期推算

母猪从交配受孕日期至开始分娩，妊娠期一般为 108~123 天，平均大约 114 天。一般本地母猪妊娠期短，引进品种较长。正确推算母猪预产期，做好接产准备工作，对生产很重要。常用推算母猪预产期的简便易记的方法有 3 个。

（一）推算法

此法是常用的推算方法，用母猪交配受孕的月数和日数加 3 个月 3 周 3 天，即 3 个月为 30 天，3 周为 21 天，另加 3 天，正好是 114 天，即是妊娠母猪的预产大约日期。例如配种期为 12 月 20 日，12 月加 3 个月，20 日加 3 周 21 天，再加 3 天，则母猪分娩日期，为 4 月 14 日前后。

（二）月减 8，日减 7 推算法

即从母猪交配受孕的月份减 8，交配受孕日期减 7，不分大月、小月、平月，平均每月按 30 日计算，得数即是母猪妊娠的大约分娩日期。用此法也较简便易记。例如，配种期 12 月 20 日，12 月减 8

个月为 4 月，再把配种日期 20 日减 7 是 13 日，所以母猪分娩日期大约为 4 月 13 日。

(三) 月加 4，日减 8 推算法

即从母猪交配本受孕后的月份加 4，交配受孕日期减 8。其得出的数，就是母猪的大致预产日期。用这种方法推算月加 4，不分大月、小月和平月，但日减 8 要按大月、小月和平月计算。用此推算法要比推算法更为简便，可用于推算大群母猪的预产期。例如配种日期如 12 月 20 日，12 月加 4 为 4 月，20 日减 8 为 12 日，即母猪的妊娠日期大致在 4 月 12 日。

使用上述推算法时，如月不够减，可借 1 年（即 12 个月），日不够减可借 1 个月（按 30 天计算）；如超过 30 天进 1 个月，超过 12 个月进 1 年。

二、转栏与分娩前精细化管理

(一) 转栏和分娩前准备

1. 转栏前的准备

妊娠母猪转栏前，首先要核对配种记录，做好预产期预告。同时，检查母猪分娩记录卡和种猪终身免疫登记卡等档案卡片，待转栏时随猪一并带走。

2. 产房准备

根据推算的母猪预产期，在母猪分娩前 5~10 天准备好产房（分娩舍）。产房要保温，舍内温度最好控制在 15~18℃。寒冷季节舍内温度较低时，应有采暖设备（暖气、火炉等），同时应配备仔猪的保温装置（护仔箱等）。应提前将垫草放入舍内，使其温度与舍温相同，要求垫草干燥、柔软、清洁，长短适中（10~15 厘米）。炎热季节应防暑降温和通风，若温度过高，通风不好，对母猪、仔猪均不利。舍内相对湿度最好控制在 65%~75%，若舍内潮湿，应注意通风，但在冬季应注意通风造成的舍内温度降低。母猪进入分娩舍前，要进行彻底清扫、冲洗、消毒工作，清除过道、猪栏、运动场等的粪便、污物，地面、圈栏、用具等用 2% 火碱溶液刷洗消毒。然后用清水冲洗、晾干，墙壁、天棚等用石灰乳粉刷消毒，对于发生过仔猪下

痢等疾病的猪栏更应彻底消毒。

3. 转栏与母猪清洁消毒

在母猪转入产房前，应对猪体进行清洁或沐浴，先用水冲洗蹄部，再冲洗后躯和下腹部，以清除猪体尤其是腹部、乳房、阴户周围的污物，并用高锰酸钾、复合有机碘或复合醛制剂等擦洗消毒，以免带菌进入产房。冲水时应轻轻刷拭并及时抹干，禁止使用高压水枪对母猪进行刷拭。

为使母猪适应新的环境，应在产前 3~5 天，选择晴暖天气，早晨空腹前将母猪转入产房。转栏过程中，动作要轻柔，不准敲打，不准急追猛赶，避免猪只打斗。若进产房过晚，母猪会因环境的急剧变化而精神紧张，影响正常分娩，还会引发产后无乳综合征。

待产母猪转入产房后，要按照预产期的先后顺序排列，固定饲养员精心照料，定时挠挠猪的颈背，轻揉、按摩乳房，甚至同母猪"聊天"，建立起亲密的关系。刚转进产房的母猪可不必立即饲喂甚至喂得过饱，可少量多餐，逐步过渡到自由采食。

4. 准备分娩用具

应准备好必要的药品洁净的毛巾或拭布、剪刀、5%碘酊、高锰酸钾溶液、凡士林油，称仔猪的秤及耳刺钳、分娩记录卡等。

（二）精心照料待产母猪

1. 控制喂料量

如果母猪膘情好，乳房膨大明显，则产前 1 周应逐渐减少喂料量，至产前 1~2 天减至日粮的一半；并要减少粗料、槽渣等大容积饲料，以免压迫胎儿，或引起产前母猪便秘影响分娩。发现临产症状时停止喂料，只喂豆饼麸皮汤。如母猪膘情较差，乳房干瘪，则不但不应减料，还要加喂豆饼等蛋白质催乳饲料，防止母猪产后无奶。

2. 更换饲料

母猪产前 10~15 天，逐渐改喂哺乳期饲粮，防止产后突然变料引起消化不良和仔猪下痢。

3. 适量运动

产前 1 周应停止远距离运动，改为在猪舍附近或运动场自由活动，避免因激烈追赶、挤撞而引起的流产或死胎。

4. 调入产房

临产前3~5天将母猪迁入产房，使其熟悉和习惯新环境，避免临产前环境突变造成胎儿临产窒息死亡。但也不要过早地将母猪迁入产房，以免污染产圈和降低母猪抗病力。

5. 加强观察

母猪分娩前1周即应随时注意观察母猪动态，加强护理，防止出现提前产仔、无人接产等意外事故。

6. 去除体外寄生虫

如发现母猪身上有虱或疥癣，要用2%敌百虫溶液喷雾灭除，以免分娩后传给仔猪。

第二节　产房内的环境管理

产房是新生命诞生的地方，是整个猪场中最干净的区域，也是各种病原微生物滋生的场所，如果环境管理不好，产房就成了一个活体病原库（如气喘病、链球菌等），要做好全场防疫，就必须要做好产房环境管理工作。产房对环境的总体要求是：温暖干燥、清洁卫生、舒适安静、空气新鲜。

一、卫生与消毒

1. 母猪进产房

母猪和仔猪转走后用清洗机对圈舍进行彻底清洗，包括圈、栏杆、保温箱、料槽、水管、地、墙、窗户、记录牌等，栏杆、料槽、水管要用刷子进行擦洗，设置专人进行监督检查。基本程序是：仔猪转出-清洗合格-圈舍干燥-密封消毒-敞开通风-密封消毒-通风-母猪转入，圈舍清洗完后，空栏到转猪至少空置1周左右。很多病原体都是由母猪带入产房的，因而在母猪进产房前要进行洗澡，在妊娠舍和产房的通道建洗澡装置，夏天凉水，冬天温水，用水管或喷头冲洗，毛刷刷污垢，冬天用毛巾擦干。虽然此举需要较大的人力和资源投入，但可有效防控疾病，从而节约成本。

2. 人员进出产房

产房建设是前后两门对流，窗户通风，但人员只能从同一个门进出。舍内舍外的消毒设施要方便、实用，利于实施。最简单又实用的措施就是在舍外安装一个水龙头，可洗手、洗工具，在进门处的墙上安装一个洗手消毒盆，在下面放置脚消毒盆或消毒脚垫，每天更换1次，进出手脚消毒，进舍必须穿专用工作服，外来人员严禁进入产房。

3. 物品进产房

除日常的使用工具和疫苗外，所有的物品进产房前必须进行严格消毒，如保温板和其铺垫物（麻袋）、秤、药品、饲料等都要在大门处进行熏蒸后才能使用，日常使用的工具使用后都要进行清洗。粪车拉粪后要进行彻底清洗，在舍外进行喷雾消毒后才能进舍。

4. 料槽卫生

无论是母猪还是仔猪，每次饲喂都要把上次料槽内的剩余料清理干净，以防饲料变质引起仔猪腹泻，仔猪料槽内如有粪尿要随时清理，以防仔猪吃被污染的饲料引起腹泻等。

5. 圈舍卫生

及时清扫产房内的粪尿，以防发酵产生氨气等有毒有害气体，圈舍卫生是影响仔猪健康和成活率的关键。同时保证好圈舍内温度，处理好通风与保温的矛盾。在保证温度的情况下加强通风。通道要随时清扫，舍内保持清洁干净、干燥。

二、温度管理

温度和采食量的关系很重要。空气的流速是影响猪的舒适度的主要因素，即使温度足够，猪栏内的气流也能使小猪发生寒抖，这也是造成10~14日龄猪下痢的主要原因。刚出生的24小时，仔猪喜欢躺卧在母猪的乳头附近睡觉，然后才会学会寻找温暖的地方并转移过去，所以要在母猪附近放置保温垫，但保温垫不能太过靠近母猪，否则仔猪很容易被母猪压到。夏天高温天气，仔猪喜欢躺卧相对凉快的地方，不舒服或者过热过潮湿的地方便成了其大小便的区域。

（一）分娩时保温方案

刚出生的 20~30 分钟是最关键的时候，最好能在母猪后方安装保温灯，以免分娩时温度过低。同时乳头附近的上方也需要保温灯和大量的纸屑，母猪后方没有开始分娩前不要放置纸屑，可以先放置在后边的两侧，以免粪尿将其污染。

尽量保持舍内恒温，需要变化温度时一定要缓和进行，切忌温度骤变。在保温箱内加设红外线灯等保温设备，给乳猪创造一个局部温暖环境。母猪进入产房未分娩时舍内保持 20℃；母猪分娩当周保持舍内 25℃，保温箱内 35℃；乳猪 2 周龄保持舍内 23℃，保温箱内 32℃；乳猪 3 周龄保持舍内 21℃、保温箱内 28℃；乳猪 4 周龄保持舍内 20℃、保温箱内 26℃。推荐的最佳温度见表 4-1。

表 4-1 仔猪和母猪的最佳参考温度

猪类别	年龄	最佳温度（℃）	推荐的适宜温度（℃）
仔猪	初生几小时	34~35	32
	1 周内	32~35	1~3 日龄 30~32 4~7 日龄 28~30
	2 周	27~29	25~28
	3~4 周	25~27	24~26
母猪	后备及妊娠母猪	18~21	18~21
	分娩后 1~3 天	24~25	24~25
	分娩后 4~10 天	21~22	24~25
	分娩 10 天后	20	21~23

因为仔猪在子宫里的温度是 39℃，所以要保证初生猪的实感温度是 37℃。在此要强调的是实感温度，所以如果温度计实测温度是 37℃，加上其他保温工具，可能要高于 37℃。不同垫料的实感温度大致是：木屑（5℃）、纸屑（4℃）、稻草（2℃）、锯末（0~1℃）、水泥地板（0~1℃），所以实感温度可以由室温（22℃）、保温灯+保温垫（10℃）、塑料地板（1℃）、纸屑（4℃）组成，实感温度等于 37℃。

(二) 保温灯的放置

分娩前 1 天,室温保持 18~22℃;分娩区准备,打开保温灯;分娩时,打开后方保温灯;分娩结束,将后方保温灯关闭;分娩后 1~2 天,移除后方保温灯。

(三) 第 1 天温度管理

大多数农场只有 1 个保温灯,母猪有时候左侧卧、有时右侧卧,所以在出生前几个小时仔猪只有 50% 的保温时间,而这段时间是仔猪保温关键时间。出生 24 小时保温灯最好置于保温垫对面,让仔猪无论在哪一边都有热源保障。

(四) 2~3 日龄保温方案

这时的仔猪已经可以自己找到舒适的地方,对低温不会太过敏感,可以撤掉保温垫对面的保温灯,也可以选择 2 个产床共用 1 个保温灯,直至仔猪 1 周龄。

(五) 光源管理

光也会让母猪感觉不舒服,可以用块挡板来给母猪遮挡光源。光线太强的地方仔猪也不喜欢,但猪对光敏感喜欢红色,所以可以考虑红色光线的保温灯。

(六) 如何判断产房温度过高

1. 母猪的表现

① 母猪试图玩水;② 频繁转身改变体位或者过多饮水时。

2. 躺卧姿势

① 胸部着地不是侧卧,检查地面是否过湿;② 乳房炎多发,甚至分娩前就出现。

注意:不要认为产房内有了保温灯、保温箱等保温设施便万事大吉,还要根据仔猪实际休息状态和睡姿来判断温度是否合适,如小猪打堆、跪卧、蜷卧便是温度过低,小猪四肢摊开侧卧排排睡才是正常温度,但要注意过于分散的四肢摊开侧卧睡姿有可能是温度过高。

三、湿度控制

高温高湿、低温高湿都有利于病原体繁殖,诱发乳猪下痢等疾病,因此要保持产房内干燥、通风。高温高湿可用负压通风去湿,低温高湿可用暖风机控制湿度。相对湿度保持在 65%~70% 为宜。

每批哺乳结束后，要彻底清洁和消毒分娩栏。扫去猪粪、垫料和残留的饲料。在水中加入表面活性剂浸泡分娩栏数小时，然后清洗干净这些泡软的残留物，让分娩栏彻底干燥。如果还残留有机物，消毒剂则无法正常发挥作用。

永远不要指望通过过量使用消毒剂来弥补清扫不干净的问题。对猪舍内部消毒，然后让分娩栏内的一切物品干燥。彻底干燥可以杀死许多病毒（如蓝耳病病毒等）。

四、空气质量控制

要求猪舍空气新鲜、少氨味、异味。有害气体（CO_2、NH_3、H_2S）浓度过高时，会降低猪本身的免疫力，影响猪的正常生长，长时间有害气体加上猪舍中的尘埃，容易使猪感染呼吸道及消化道疾病。要减少猪舍内的有害气体，首先要及时清除粪尿，其次用风机换气。

五、噪声控制

母猪分娩前后保持舍内安静，可避免母猪突然性起卧压死乳猪，同时有利于顺产。国外资料介绍，噪声性的应激可诱发应激综合征和伪狂犬病的发生。

另外，要做好产房夏季降温与除湿，冬季保温与通风的协调兼顾。

第三节 母猪的分娩与接产

一、分娩过程

（一）母猪的临产征兆

母猪临产前在生理上和行为上都会发生一系列变化，掌握这些变化规律既可防止漏产，又可合理安排时间。

在分娩前 3 周，母猪腹部急剧膨大而下垂，乳房亦迅速发育，从后至前依次逐渐膨胀。至产前 3 天左右，乳房潮红加深，两侧乳头膨胀而外张，呈"八"字排开。猪乳房动、静脉分布多，产前 3 天左右，用手挤压，可以在中部 2 对乳头中挤出少量清亮液体；产前 1 天，可以挤出 1~2 滴初乳；母猪生产前半天，可以从前部乳头挤出 1~2 滴初乳。如果能从后部乳头挤出 1~2 滴初乳，而能在中、前部乳头挤出更多的初乳，则表示在 6 个小时左右即将分娩。等最后 1 对奶头能挤出呈线状的奶，为即将产仔。

母猪分娩前 3~5 天，母猪外阴部开始发生变化，其阴唇逐渐柔软、肿胀增大，皱褶逐渐消失，阴户充血而发红，与此同时，骨盆韧带松弛变软，有的母猪尾根两侧塌陷。母猪生产临产前，子宫栓塞软化，从阴道流出。在行为上母猪表现出不安静，时起时卧，在圈内来回走动，但其行动缓慢谨慎，待到出现衔草做窝、起卧频繁、频频排尿等行为时，分娩即将在数小时内发生。

母猪临产前 10~90 分钟，躺下、四肢伸直、阵缩间隔时间逐渐缩短；临产前 6~12 小时，常出现衔草做窝，无草可叼窝时，也会用嘴拱地，前蹄扒地呈作窝状，母猪紧张不安，时起时卧，突然停食，频频排粪尿，且短软量少，当阴部流出稀薄的带血黏液时，说明母猪已"破水"，即将在 10~20 分钟产仔。在生产实践中，常以母猪叼草作窝，最后 1 对乳头挤出浓稠的乳汁并呈线状射出作为判断母猪即将产仔的主要征状。

母猪的临产征兆与产仔时间见表 4-2。

表 4-2　母猪临产征兆与产仔时间

产前表现	距产仔时间
乳房潮红加深，两侧乳头膨胀而外张，呈"八"字排开	3 天左右
阴户红肿，尾根两侧下陷（塌胯）	3~5 天
挤出乳汁（乳汁透亮）	1~2 天（从前排乳头开始）
衔草做窝	6~12 小时
能从后部乳头挤出 1~2 滴初乳，中、前部乳头挤出更多的初乳	6 小时
能在最后 1 对奶头挤出呈线状的奶	临产

（续表）

产前表现	距产仔时间
躺下、四肢伸直、阵缩间隔时间逐渐缩短	10~90 分钟
阴户流出稀薄的带血黏液	1~20 分钟

（二）分娩过程

临近分娩前，肌肉的伸缩性蛋白质即肌动球蛋白，开始增加数量和改进质量，使子宫能够提供排出胎儿所必需的能量和蛋白质。准备阶段以子宫颈的扩张和子宫纵肌及环肌的节律性收缩为特征。由于这些收缩的开始，迫使胎内羊水液和胎膜推向已松弛的子宫颈，促进子宫颈扩张。在准备阶段初期，以每15分钟周期性地发生收缩，每次持续约20秒钟，随着时间的推移，收缩频率、强度和持续时间增加，一直到以每隔几分钟重复地收缩。这时任何异常的刺激都会造成分娩的抑制，从而延缓或阻碍分娩。在此阶段结束时，由于子宫颈扩张而使子宫和阴道成为相连的管道。

膨大的羊膜同胎儿头和四肢部分被迫进入骨盆入口，这时引起横眼膜和腹肌的反射性及随意性收缩，在羊膜里的胎儿即通过阴门。猪的胎盘与子宫的结合是属弥散性的，在准备阶段开始后不久，大部分胎盘与子宫的联系就被破坏而脱离。如果在排出胎儿阶段，胎盘与子宫的联系仍然不能很快脱离，胎儿就会因窒息而死亡。胎盘的排出与子宫收缩有关。由于子宫角顶部开始的蠕动性收缩引起尿囊绒毛膜的内翻，有助于胎盘的排出。在胎儿排出后，母猪即安静下来，在子宫主动收缩下使胎衣排出。一般正常的分娩间歇时间为5~25分钟（大部分间隔15分钟），分娩持续时间依胎儿多少而有所不同，一般为1~4小时。在仔猪全部产出后10~30分钟胎衣全部排出。胎儿和胎盘排出以后，子宫恢复到正常未妊娠时的大小，这个过程称为子宫复原。在产后几星期内子宫的收缩更为频繁，这些收缩的作用是缩短已延伸的子宫肌细胞。大致在45天以后，子宫恢复到正常大小，而且替换子宫上皮。

产仔间隔时间越长，缺氧的危害越大，仔猪就越不健壮，早期死亡的危险性就越大。仔猪出生间隔时间可以反映分娩是否出现问题：

如果母猪比较安静，产仔间隔几分钟，说明产仔过程正常；如果产仔间隔在45分钟以上，甚至达到1个小时，即可判断为不正常，必须采取人工干预措施，进行人工助产或药物催产。

二、接产

接产员最好由饲养该母猪的饲养员担任。

（一）接产要求

产房必须安静，不得大声吵嚷和喧哗，以免惊扰母猪正常分娩。接产动作要求稳、准、轻、快。

（二）接产的精细化管理

对正常分娩的母猪，接产的精细化管理主要包括以下内容。

1. 准备好物品

1头母猪准备3桶水（1桶温热清水、2桶温热消毒液），3条毛巾（1条用于清洗、1条擦干母猪、1条擦干仔猪）。母猪下腹部要进行清洗，特别是乳房、乳头要彻底清洗，用消毒液擦洗消毒。母猪臀部也要清洗干净，特别是阴户周围要彻底清洗、消毒。消毒溶液可以用3%来苏尔溶液或0.1%的高锰酸钾溶液。另外，还要准备好其他用具，如盆子、剪刀、碘酒、剪牙钳、耳号钳、断尾剪等，将消毒好的保温箱再擦1次，检查准备好消毒过的电热板、保温灯、麻袋（接产时放初生仔猪垫用）。

2. 母猪准备

① 母猪出现分娩征状后，要对外阴及其周围、腹部、乳头进行擦洗和消毒，同时用40℃左右的温水浸泡已消毒的毛巾，清洗乳房。毛巾拧干后按摩乳房，每次5~10分钟，间隔一段时间后再按摩。这样有利于母猪保持安静，促进分娩。

② 挤掉每一个乳头中分泌的少量陈旧乳汁，保证仔猪一出生就能吃到新鲜的初乳。

③ 从预期的分娩时间开始，在整个分娩过程中，母猪身边不可离人，由专人看管，最少每2小时检查1次母猪是否出现宫缩（后腿抬起），出现宫缩后每小时至少检查1次。一般的，从宫缩到第1头仔猪娩出约需2个小时，如果在两次检查之间没有仔猪产出，应查看

产道，看看是否是仔猪在产道内卡住了。检查时，应按摩母猪乳房，让母猪安静下来。

3. 接产

待母猪尾根上举时，则仔猪即将娩出。可人工辅助娩出。当看到仔猪头部露出产道时，应立即接产。仔猪出生后，先用清洁并已消毒的毛巾擦去口鼻中的黏液，使新生仔猪尽快用肺呼吸，然后再擦干全身。个别仔猪被包在胎膜中，应立即将胎膜撕开。为了减少仔猪离开母体后散热，可用密斯陀干粉保温剂涂擦仔猪全身。

接产人员的手要用消毒液清洗，用于擦干仔猪口鼻和全身黏液的毛巾，每接产1头仔猪都要进行清洗消毒后再使用，每桶消毒液根据清洁度进行更换，每接产1窝仔猪无论消毒液有多干净，都要更换消毒液；每1窝接产用的毛巾要专用，不能和其他同时接产的仔猪混用，用后要进行彻底清洗、干燥、熏蒸。

4. 断脐

仔猪出生后，脐带会自动脱离母体。若未脱离母体，不要硬扯，以防出现大出血。应先将脐带轻轻拉出，当仔猪脐带停止波动时，在距离仔猪腹壁4~5厘米处，用右手将脐带内的血液向仔猪腹部方向挤压，然后用力捏一会儿脐带，再用已消毒的拇指指甲将脐带掐断，这样其断口为不整齐断口，有利于止血。断端用5%碘酊消毒，并停留3秒以上。

5. 烤干

将仔猪放入产仔箱内烤干。

6. 剪犬齿

新生仔猪已经有比较锐利的犬齿，为了减少吃奶时对乳头的损害，降低仔猪间争斗时对同窝仔猪的伤害，应在仔猪出生后即刻剪牙，剪掉出生时的8颗犬齿（上下左右各2颗），每次剪1颗。剪牙钳要锋利，用前要严格消毒，平行于牙床，尽量靠近牙齿根部剪断，尽量剪平，尽量避免将牙尖部拗断或因剪刀不利导致剪牙后产生更加锐利的棱角，对母猪乳头造成更大的伤害。用手摸剪过的部位，若还有刺手的感觉，需重新剪掉，直到平整不刺手为止。最好在剪过的牙床处涂抹阿莫西林粉，防止感染。

然而使用剪牙钳剪牙，会给仔猪带来很大的痛苦和伤害，对仔猪将产生很大的应激，并有创口感染的风险。为此，推荐使用电动磨牙器把犬齿的尖端磨平、磨圆，使犬齿没有棱角和夹角，上下整齐，就能确保不再伤害母猪乳头。电动磨牙器速度可调，一般使用中速就可达到很好的磨牙效果。使用磨牙器时一定要将仔猪牙齿对准保护套上的卡槽，避免弄伤唇部。熟练操作后，一般用不到 10 秒钟就能磨好 1 头仔猪的犬齿，并大大降低因剪牙钳剪牙可能伤害牙龈的风险，同时降低了仔猪应激，提高生产效率。

7. 断尾

使用已消毒的断尾钳于猪尾骨 5 厘米处剪断尾巴，用 5% 碘酒消毒，或直接蘸高锰酸钾粉止血。断尾后要跟踪检查，及时发现断尾出血并及时止血。

正常情况下，新生仔猪断尾因伤口很小不会出很多血，但仍要防止出血过多。生产上推荐使用电热断尾钳：使用时，先接通电源，预热 5~10 分钟，这时断尾钳已经具有较高的热度，把尾巴放进钳口剪下，尾巴断端在钳口大片平面上烫一下，使创口快速结痂，既可止血，也可防止伤口感染。

需要指出的是，精细化健康养猪并不强调必须对仔猪进行剪牙和断尾，以最大限度地减少仔猪应激，特别是对健康状况较差的猪场。可根据本场的实际情况，自行决定是否对新生仔猪的剪牙和断尾。

为了避免疾病传播、细菌感染，每剪 1 头猪的剪牙钳和断尾钳都要进行消毒，同 1 窝猪可以用酒精擦洗消毒，不同窝仔猪就要用消毒液进行浸泡消毒，断尾后还要用碘酒在断处进行消毒。

8. 吃足初乳，固定奶头

初乳内含有丰富的免疫球蛋白，能提供大量的母源抗体，能直接保护初生仔猪安全度过最危险的生后前 3 天。同时，初乳还富含能量，提供热量，提升仔猪活力，为后期均匀生长奠定基础。

必须确保初生仔猪能在 0.5 小时内吃上初乳，6 小时内全部吃上并吃足初乳。具体操作方法是：把初生仔猪放在产仔箱中烤干后，直接送到母猪腹下，大部分健康仔猪会自行寻找母猪乳头并吃上初乳。

对健康状况较差，不能自己寻找乳头的仔猪，应给予必要的人工辅助，使仔猪尽快吃上初乳。同时，要根据仔猪体重大小、体格强弱进行人工定位。将体重较小、体格较弱的仔猪放到中间靠前的乳头上，这里的乳汁相对比较充沛，可以提高同窝仔猪的均匀度，也可以避免7日龄后出现恃强凌弱、以大欺小的现象。

新生哺乳仔猪自身体温调节机能差，必须做好防寒保温工作。待仔猪全部吃上并吃足初乳后，要帮助它们尽快回到产仔箱内取暖保温。

9. 打耳号

为了记录每个仔猪的来源、血缘关系、生长快慢、生产性能等情况，需要在出生后的1~3天内（最好24小时内）给仔猪个体编号，而编号的方法就是打耳号，这在种猪培养过程中至关重要。打耳号时用耳号钳，在仔猪耳朵的不同部位打上缺口，每一个缺口代表着一个数字，把所有数字相加，便是该猪的耳号。

为了便于管理，打耳号一般是由专人操作。打耳号人员的手每剪1窝猪都要进行消毒，每头猪剪后耳号钳的剪耳号端要用酒精进行擦洗消毒，每剪1窝猪整个耳号钳都要用消毒液进行浸泡消毒。每头猪剪后耳朵上的伤口要用碘酒进行表面消毒，以防细菌感染。

10. 称初生重

初生仔猪体重的称量，有助于做好弱小仔猪的调圈和固定乳头等工作。同时通过初生重的测量、分析，可准确了解母猪的饲养效果，便于及时调整饲养管理。

11. 补铁补硒

仔猪出生后每天需要7毫克的铁，但身体中铁的总贮量仅为50左右，除了通过哺乳从母体中获得1毫克左右外，其他需要的铁必须补充，否则极易发生缺铁性贫血，严重影响生长。选择含铁量为150毫克/毫升的右旋糖酐铁钴注射液，颈部肌内注射1毫升，3日龄、7日龄各1次。缺硒地区，仔猪出生后3~5日龄，肌内注射0.1%亚硒酸钠维生素E注射液，每头仔猪0.5毫升，断奶时再注射1毫升，可防止缺硒。

（三）仔猪寄养

母猪泌乳量不足、仔多而奶头不足、母猪产后体质虚弱有病等，需考虑寄养仔猪。

1. 仔猪寄养的方法

（1）个别寄养　母猪泌乳量不足，产仔数过多，仔猪大小不均，可挑选体强的寄养于代养母猪。

（2）全窝寄养　母猪产后无乳、体弱有病、产后死亡、有咬仔恶癖等；或母猪需频密繁殖，老龄母猪产仔数少而提前淘汰时，需要将整窝仔猪寄养。

（3）并窝寄养　当两窝母猪产期相近且仔猪大小不均时，将仔猪按体质强弱和大小分为2组，由乳汁多而质量高、母性好的母猪哺育体质较弱的一组，另一头母猪哺育体质较强一组。

（4）两次寄养　将泌乳力高、母性好的母猪产下的仔猪提前断奶或选择断奶母猪代养，由其哺乳其他体质弱的仔猪或其他多余的吃过初乳的初生仔猪。

2. 寄养仔猪要遵循的原则

① 寄养仔猪需尽快吃到足够的初乳。母猪生产后前几天的初乳中含有大量的母源抗体，然后母源抗体的数量就会很快下降，仔猪出生时，肠道上皮处于原始状态，具有吸收大分子免疫球蛋白（即母源抗体）的功能，6小时后吸收母源抗体的能力开始下降。由于仔猪出生时没有先天免疫力，母源抗体对仔猪前期的抗病力十分关键，对提高仔猪成活率具有重要意义。仔猪只有及时吃到足够的初乳，才能获得坚强的免疫力。

寄养一般在出生96小时之内进行，寄养的母猪产仔日期越接近越好，通常母猪生产日期相差不超过1天。

② 后产的仔猪向先产的窝里寄养时，要挑选猪群里体重大的寄养，先产的仔猪向后产的窝里寄养时，则要挑体重小的寄养；同期产的仔猪寄养时，则要挑体形大和体质强的寄养，以避免仔猪体重相差较大，影响体重小的仔猪生长发育。

③ 一般寄养窝中最强壮的仔猪，但当代养母猪有较小或细长奶头，泌乳力高，且其仔猪较小时，可以寄养弱小的仔猪。

④ 寄养时需要估计母猪的哺育能力。也就是考虑母猪是否有足够的有效乳头数，估计其母性行为，泌乳能力等。

⑤ 利用仔猪的吮乳行为来指导寄养。出生超过 8 小时，还没建立固定奶头次序的仔猪，是寄养的首选对象。在一个大的窝内如果一头弱小的仔猪已经有一个固定的乳头位置，此时最好把其留在原母猪身边。

⑥ 寄养早期产仔窝内弱小仔猪。先产仔母猪窝内会有个别仔猪比较弱小，可以把这些个别的仔猪寄养到新生母猪窝内。但要确保这些寄养的仔猪和收养栏内仔猪在体重、活力上相匹配。

⑦ 寄养最好选择同胎次的母猪代养。或者青年母猪的后代选择青年母猪代养，老母猪的后代，选择老母猪代养。

⑧ 仔猪应尽量减少寄养，防止疫病交叉感染；一般禁止寄养患病仔猪，以免传播疾病。

⑨ 在寄养的仔猪身上涂抹代养母猪的尿液，或在全群仔猪身上洒上气味相同的液体（如来苏尔等）以掩盖仔猪的异味，减少母猪对寄养仔猪的排斥。

⑩ 在种猪场，仔猪寄养前，需要做好耳号等标记与记录，以免发生系谱混乱。

无论初生仔猪寄养与否，都要做好固定乳头的工作。固定乳头可以减少仔猪打架争乳，保证及早吃足初乳是实现仔猪均衡发育的好方法。固定乳头应当顺从仔猪意愿适当调整，对弱小仔猪一般选择固定在前 2 对乳头上，体质强壮的仔猪固定在靠后的乳头上，其他仔猪以不争食同一乳头为宜。

（四）诱导分娩

1. 诱导分娩的方法与优点

母猪自然分娩大都在晚上，给管理工作带来不便。所谓诱导分娩（也称同期控制分娩），是指利用激素人为控制母猪的分娩时间和过程的方法。

诱导母猪白天同期分娩，能减少工作人员值夜班的数量，降低劳动强度，防止仔猪机械性死亡，提高成活率；同时，由于大大缩短了产程，减少了母猪在分娩过程中经产道感染的机会，从而可减少母猪产后子宫内膜炎-乳房炎-泌乳障碍综合征的发病比例。另外，诱导分娩还与同期发情、同期配种、同期断奶等生产技术配合，成批分娩，建立工厂化"全进全出"的生产模式。

2. 操作注意事项

① 诱导同期分娩的方法只适用于保存有准确配种记录的母猪。因此，诱导分娩前必须查清母猪群的平均怀孕日龄，注射药物前，认真检查并核对每一头母猪的耳标号及预产期，认真观察母猪的分娩征状。

② 只能在预产期前 1 天使用，严禁过早使用。

③ 在母猪自然分娩日的前 1 天上午 8：00—10：00，氯前列烯醇 2~4 毫克（1~2 支），使用长 37~50 毫米的针头进行深部肌内注射。由于氯前列烯醇可通过皮肤吸收，操作时要戴橡胶防护手套，操作完毕用肥皂盒清水冲洗。

④ 使用氯前列烯醇后 24~36 小时，大多数母猪在第 2 天白天分娩。

⑤ 诱导分娩只是一种简单的管理方式，只有在对分娩母猪精心管理的条件下才能作为降低死亡率的辅助手段使用。

⑥ 头胎后备母猪最好不要采用诱导分娩，预产期不明确的母猪不要采用。

⑦ 氯前列烯醇也可采用阴户注射，效果更好，且剂量可以减半使用。

三、母猪非正常分娩的精细化管理

（一）母猪非正常分娩的判断

母猪非正常分娩可以简单理解为难产，但含义超出了难产。母猪在生产的过程中，发生非正常分娩是难以避免的，如果处理不当易造成母仔死亡的严重后果。母猪从第 1 头仔猪产出到胎衣排出，整个产程持续时间 1~4 小时，产仔间隔时间一般为 5~25 分钟（大部分间隔 15 分钟）。由于各种原因致使分娩进程受阻称为非正常分娩。准确判断母猪是否是非正常分娩，直接关系到母仔是否健康，这是进行助产急救的重要前提。

① 有羊水排出，努责有规律，收缩有力，阴门松弛开放，但 1 个小时也不见进展，仍无仔猪产出；或产仔间隔超过 45 分钟，母猪烦躁。

这类非正常分娩的主要原因是：胎儿过大或有水肿的死胎堵塞产道；胎位不正或胎儿畸形等。

② 有羊水排出，子宫收缩无力，努责无规律，身体虚弱，呼吸频数，产仔间隔超过 45 分钟。

这类非正常分娩的主要原因是：母猪产力不足，身体虚弱，产房内温度过高，子宫收缩无力等。经产外二元母猪多见，以窝产仔 10~12 头计，母猪分娩时，最初 2~5 头乳猪分娩正常，之后乳猪出生的时间间隔明显延长，甚至母猪无任何分娩行为，瘫睡在产床上，产仔间隔超过 1 小时，使整个产程超过 4.5 小时。这是明显的母猪产力不足的表现。

（二）母猪非正常分娩的处理原则

1. 人工助产

母猪在生产时必须有专人看守，当发生非正常分娩时采取不同的助产措施，以减少因此而造成的经济损失。助产中要做好"查、变、摩、按、拉、摸、注、牵、掏、输"助产十字方针。

（1）查　即检查难产母猪骨盆腔与产道是否异常，如骨盆狭窄，宫颈狭窄，仔猪无法经过产道就应采取剖腹产。

（2）变　即看到母猪分娩间隔超过 30 分钟时，把母猪赶起来，变换一下体位，可以帮助胎位不正时体位的纠正。

（3）摩　即分娩时，可以给母猪乳房按摩，也可以让刚生下的仔猪去吸吮母猪乳房也达到自然按摩效果。这样有利于没产出的小猪快速顺利产出。

（4）按　摸母猪软腰处下方的肚子里是否有未产的仔猪。如肚内有未产的仔猪，会感到有明显凹凸不平，稍用力压时有可移动的硬物。当看到胎儿按压鼓起时，可顺势按在鼓起的部位，有利于胎儿产出。

（5）拉　当看到母猪努责阵缩微弱，无力排出胎儿，看到胎儿部分露出阴门时，及时拉出胎儿，节省母猪分娩时体力消耗。一定避免手伸到产道里面去拉，以免增加感染的机会。

（6）摸　当助产人员将手伸入产道，若摸到直肠中充满粪球压到产道，可用矿物油或肥皂水软化粪球便于粪便排出；若摸到膀胱积尿而过多挤压产道，可用手指肚轻压膀胱壁，促进排尿；或强迫驱赶该母猪起立运动，促其排尿。

（7）注　当母猪羊水过早排出时，如果胎儿过大，产道狭窄干燥，易引起难产，可向产道注入干净食用的植物油等大量润滑剂，助产人员将消毒过的手伸入产道随着母猪努责，缓缓地将胎儿拽出。

（8）牵　若有仔猪到达骨盆腔入口处或已入产道，在感觉其大小、姿势、位置等情况下应立即行牵引术。

（9）掏　若注射催产素助产失败或确诊为产道异常、胎位不正时，可实施手掏术。产仔无力，应及时掏出胎儿。

术者首先要认真剪磨指甲，用3%来苏尔消毒手臂，并涂上液体石蜡或肥皂，蹲在高床网上产仔栏后面或侧卧在母猪臀后（平面产仔）。手成锥状于母猪努责间隙，慢慢地伸入母猪产道（先向斜上后直入），即可抓住胎儿适当部位（如下颌、腿等），再随母猪努责，慢慢将仔猪拉出。不要拉得过快以免损伤产道。掏出1头仔猪后，可能转为正常分娩，则不继续掏。如果实属母猪子宫收缩乏力，可全部掏出。做过手掏术的母猪，均应抗炎预防治疗5~7天，以免产后感染，影响将来的发情、配种和妊娠。

（10）输　猪的死胎往往发生在最后分娩的几个胎儿，在产出后期，若发现仍有胎儿未产出而排出滞缓时，最好用药物催产如缩宫素。

在助产过程中，要尽量防止损伤和感染产道。助产后应当给母猪注射抗菌药物，以防感染。输液的方案，第一瓶：0.9%生理盐水500毫升+头孢噻呋（每千克体重5毫克）+鱼腥草注射液（每千克体重0.1毫升）；第二瓶：5%葡萄糖500毫升+维生素C（一次量500毫克）+维生素B_1（一次量50毫克）。

实在没有办法的情况下，可以使用剖腹产。

需要注意的是，生产母猪处于产道阻塞、胎位不正、骨盆狭窄及子宫颈尚未开放时禁用催产。有些人想使母猪快速产仔，在母猪子宫颈刚刚张开就大剂量静脉注射缩宫素，但往往适得其反。子宫强烈收缩，羊水大量流出，造成产道干燥，仔猪不易产出，严重时还会挤断仔猪脐带，造成仔猪死亡，而不打缩宫素，仔猪在母猪肚子里依然用脐带与母猪相连，母猪提供氧气仔猪一般也不会造成死亡。另外，注射缩宫素还容易造成初乳大量外流，这对仔猪可是最大的浪费，因为初乳中含有大量母源抗体，对增强仔猪抵抗力，减少疾病发生是任何东西都不可以替代的。

2. 使用催产素

催产素能选择性的兴奋子宫，增强子宫平滑肌的收缩。其兴奋子宫平滑肌的作用因剂量大小、母猪体内激素水平而不同。小剂量能增强妊娠末期子宫平滑肌的节律性收缩，使收缩舒张均匀；大剂量则造成平滑肌的强直性收缩，继而麻痹，最终导致肌无力难产，甚至子宫破裂等，不但起不到催产的作用，而且还会引起仔猪窒息死亡或引发子宫炎。此外，缩宫素能促进乳腺腺泡和腺导管周围的肌上皮细胞收缩，促进排乳。因此，合理使用催产素非常重要。

（1）用于促进子宫收缩，促进分娩　一般注射剂量为1~5毫升（10~50单位），分2次或3次给药。第1次一定要小剂量（0.5~1毫升，即5~10单位）给药，间隔20分钟再次给药1~1.5毫升（10~15单位）。如果需要，间隔20~30分钟可再给药1.5~2毫升（15~20单位）。但1小时内不得超过3次。不能使用长效催产素。

（2）用于治疗子宫出血　大剂量的催产素可引起子宫平滑肌强直性收缩，使子宫肌层内的血管受压，进而起到止血的作用。一次性给药剂量为5~10毫升（50~100单位）。

（三）死亡胎儿的处理

1. 判断胎儿死亡时间

处理死亡胎儿之前，需要确定死猪是何时、何种原因导致死亡。要查清楚仔猪死亡是发生在产前、产中还是产后，眼观到的"死胎"是否真的是死胎（是否假死）。

如果无法确定死亡的仔猪是死胎还是出生后才死亡的，可将死亡仔猪的肺脏泡在水里。生下来是活着的仔猪，其肺泡中吸入了空气，因此会浮在水面上；死胎的肺脏中没有空气，因此会沉入水中，而且颜色也常呈暗褐色。

2. 木乃伊胎

如果胚胎是在 35 天以后死的，而卵巢中的黄体使妊娠继续进行，则这个死亡的胚胎称为木乃伊胎。木乃伊胎呈灰色或者黑色。如果胚胎是在 35 天之前死亡的，则会被重吸收，因为此时的胚胎还没有骨骼。

3. 死胎

很多死胎看起来已经完全发育，多数情况下这些仔猪死于分娩时缺氧。仔猪的脐带很长，在分娩的时候可能会被夹住或者拉得太紧。如果这种情况持续的时间太长，仔猪就死亡了。死胎的蹄部有完整的包膜。

4. 被压死的仔猪

仔猪被母猪压死有以下几种情况：仔猪大小或者产后受凉、母猪的泌乳量太低、由于母猪瘸腿或地面太滑而导致母猪卧侧得太快或者由于保育猪内温度太低，仔猪紧挨着母猪躺卧。而当仔猪被母猪压住一半而厉声尖叫的时候，不是每个母猪都能够快速站起来。

(四) 假死仔猪的急救

有的仔猪出生后全身发软，奄奄一息，甚至停止呼吸，但心脏仍在微弱跳动（用手压脐带根部可摸到脉搏），此种情况称为仔猪假死。如不及时抢救或抢救方法不当，仔猪就会由假死变为真死。

急救前应先把仔猪口鼻腔内的黏液与羊水用力甩出或捋出，并用消毒纱布或毛巾擦拭口、鼻，擦干躯体。急救的方法有以下几种。

① 立即用手捂住仔猪的鼻、嘴，另一只手捂住肛门并捏住脐带。当仔猪深感呼吸困难而挣扎时，触动一下仔猪的嘴巴，以促进其深呼吸。反复几次，仔猪就可复活。

② 将仔猪放在垫草上，用手伸屈两前肢或后两肢，反复进行，促其呼吸成活。

③ 将仔猪四肢朝上，一手托肩背部，一手托臀部，两手配合一屈一伸猪体，反复进行，直到仔猪叫出声为止。

④ 倒提仔猪后腿，并抖动其躯体，用手连续轻拍其胸部或背部，直至仔猪出现呼吸。

⑤ 用胶管或塑料管向仔猪鼻孔内或口内吹气，促其呼吸。

⑥ 向仔猪鼻子上擦点酒精或氨水，或用针刺其鼻部和腿部，刺

114

激其呼吸。

⑦ 将仔猪放在 40℃ 温水中，露出耳、口、鼻、眼，5 分钟后取出，擦干水气，使其慢慢苏醒成活。

⑧ 将仔猪放在软草上，脐带保留 20~30 厘米长，一手捏紧脐带末端，另一只手从脐带末端向脐部捋动，每秒钟捋 1 次。连续进行 30 余次时，假死猪就会出现深呼吸；捋至 40 余次时，即发出叫声，直到呼吸正常。一般捋脐 50~70 次就可以救活仔猪。

⑨ 一只手捏住假死仔猪的后颈部，另一只手按摩其胸部，直到其复活。

⑩ 如仔猪因短期内缺氧，呈软面团的假死状态，应用力擦动体躯两侧和全身，促进仔猪血液循环而成活。

四、母猪产后护理

（一）分娩结束后处理

1. 检查胎衣排出情况

母猪产仔结束后，要注意检查胎衣是否完全排出，当胎衣排出困难时，可给母猪注射一定量的催产素。及时将胎衣、脐带和被污染的垫草撤走，换上新的备用垫草。

2. 清洗

用温水将母猪外阴、后躯、腹下及乳头擦洗干净。

（二）母猪产后饲养与产后不食的处置

1. 母猪产后饲养

母猪产后不能立即饮喂。由于分娩时体力消耗很大，体液损失多，母猪会表现出疲劳和口渴，因此，在产后 2~3 小时内，要准备足够的、温热的 1% 盐水，供母猪饮用，也可以喂些温热的略带盐味的麦麸汤，不要过早喂料。此后，要遵循逐步增加饲喂量的基本原则。一般可从第 2 天早上开始，先喂给少量流食。如果母猪消化能力恢复得好，仔猪又多，2 天后可将喂量逐渐增加 0.5 千克左右；以后，待到产后 5~7 天，可逐渐达到喂料量标准。

2. 母猪产后不食的处置

母猪产后不食是生产中常见的现象。引起母猪产后不食的原因很多，主要是产前饲喂精料过多，或突然变更饲料，分娩过程体力消耗过大，造成胃肠消化机能失调所不食。产后母猪患其他疾病，如产褥热、子宫炎、低血糖、缺钙等也会导致食欲下降，表现为不食。

产后母猪多表现精神疲乏，消化不良，食欲减退，开始尚吃少量的精料或青绿饲料，严重时则完全不食，粪便先稀后干，体温正常或略高。可按以下处置措施进行处理。

① 每头母猪用新斯的明注射液 2~6 毫升，1 次/日，肌内或皮下注射，一般用 1~2 次即可。猪是多胎动物，在分娩时要消耗大量体力，尤其对一些分娩时间长的难产母猪体力消耗更大，导致体力不支以致影响胃肠功能及出现全身状况，而新斯的明能兴奋骨骼肌，增加肌肉收缩力，促进胃肠蠕动，并增强子宫肌的收缩，促进子宫机能恢复，所以给产后不食、卧地不起的母猪应用是对症的。此法见效快，一般用药几小时即可见效；

② 可用 50% 葡萄糖注射液 40 毫升 + 30% 安乃近 10 毫升 + 维生素 B₁ 2 毫升，混合 1 次静脉注射，1 次/日，连用 2~3 天。内服人工盐 30 克 + 复合维生素 B 10 片 + 陈皮酊 20 毫升，1 次喂服，1 次/日，连用 5 天。另外，还可用 0.1% 亚硝酸钠维生素 E 注射液，母猪 3~4 毫升，仔猪 1~2 毫升，东北、华北地区缺硒地区是必要的，对于母仔极为有益。

③ 厚朴、枳实、陈皮、苍术、大黄、龙胆草、郁李仁、甘草各 15 克，共为细末，或水煎取汁，1 次内服，连用 2~3 天。或用党参、黄芪、当归、丹参、赤芍、白芍各 15 克，茯苓、乌药、小茴香、香附、青皮、陈皮、木香各 12 克，延胡索、甘草各 9 克，益母草 40 克，共为细末，加入红糖 200 克搅匀，拌入饲料中喂服。每剂早晚各服 1 次，一般 1~2 剂，最多 3 剂即愈。

（三）母猪分娩后的管理

① 在安排好仔猪吃初乳的前提下，让母猪得到足够的休息。

② 及时清理污染物和胎衣。

③ 密切关注母猪变化，如体温、呼吸、心跳、皮肤黏膜颜色、产道分泌物、乳房、采食、粪尿等，如有异常应及时处理。

第四节　哺乳母猪的精细化饲养

哺乳母猪饲养的主要目标是：提高泌乳量，控制母猪减重，仔猪断奶后能正常发情、排卵，延长母猪利用年限。

一、母猪的泌乳规律及影响因素

（一）母猪乳房构造特点

猪是多胎动物，母猪一般有乳头 6 对以上，沿腹线两侧纵向排列。乳腺以分泌管的形式通向乳头，中前部的乳头绝大多数有 2~3 个分泌管，而后部乳头绝大多数只有 1 个分泌管，有些猪最后一对乳头的乳腺管发育不全或没有乳腺管。由于每个乳头内乳腺管数目不同，各个乳头的泌乳量不完全一致。猪的乳腺在机能上都完全独立，与相邻部分并无联系。

母猪乳房的构造与牛、羊等其他家畜不同。牛、羊乳房都有蓄乳池，而猪乳房蓄乳池则极不发达，不能蓄积乳汁，所以小猪不能随时吸吮乳汁。只有在母猪"放乳"时才能吃到奶。

猪乳腺的基本结构是在 2 岁以前发育成熟的。再次发育主要发生在泌乳期，只有被仔猪哺用的乳头，其乳腺才得以充分发育。对初产母猪来说，其乳头的充分利用是至关重要的。如果初产母猪产仔数过少，有些乳头未被利用，这部分乳头的乳腺则发育不充分，甚至停止活动。因此，要设法使所有的乳头常被仔猪哺用（如采取并窝、代哺，或训练本窝部分仔猪同时哺用两个乳头等措施），才有可能提高和保持母猪一生的泌乳力。

（二）母猪的泌乳规律

由于母猪乳房结构上的特点，母猪泌乳具有明显的定时"循环放乳"规律。

1. 泌乳行为

当仔猪饥饿需求母乳时，它们就会不停地用鼻子摩擦揉弄母猪的乳房，经过 2~5 分钟后，母猪开始频繁地发出有节奏的"吭、吭"声，标志着乳头开始分泌乳汁，这就是通常所说的放乳。此时仔猪立即停止摩擦乳房，并开始吮乳。母猪每次放乳的持续期非常短（最长 1 分钟左右，通常 20 秒左右）。一昼夜放乳的次数随分娩后天数的增加而逐渐减少。产后最初几天内，放乳间隔时间约 50 分钟，昼夜放乳次数为 24~25 次；产后 3 周左右，放乳间隔时间约 1 小时以上，昼夜放乳次数为 10~12 次。而每次放乳持续的时间，则在 3 周内从 20 秒逐渐减少为 10 多秒后保持基本恒定。

2. 泌乳量

母猪的泌乳量依品种、窝仔数、母猪胎龄、泌乳阶段、饲料营养等因素而变动。每个胎次泌乳量也不同，通常以第 3 胎最高，以后则逐渐下降。以较高营养水平饲养的长白猪为例：60 天泌乳期内泌乳量约 600 千克，在此期间，产后 1~10 天平均日泌乳量为 8.5 千克，11~20 天为 12.5 千克，21~30 天为 14.5 千克（泌乳高峰期），31~40 天为 12.5 千克，41~50 天为 8 千克，51~60 天为 5 千克。

不同的乳头泌乳量不同，一般前面 2 对乳头泌乳量较多，中部乳头次之，最后 2 对最少。

每天泌乳量不平衡。母猪整个泌乳期内的泌乳总量为 250~400 千克，日平均 4~8 千克。但每天泌乳量不同，且呈规律性变化。一般是产后 3~4 周时达高峰期，以后泌乳量下降。第 1 个月的泌乳量占全期泌乳量的 60%~65%。

在整个泌乳期内，各阶段的泌乳量也不一致。母猪泌乳量一般在产后 10 天左右上升最快，21 天左右达到高峰，以后开始逐渐下降（图 4-1）。所以，一般营养水平的仔猪早期断奶日龄不宜早于 21 日龄。

3. 乳汁成分

母猪乳汁成分随品种、日粮、胎次、母猪体况等因素有很大差异。

猪乳分为初乳和常乳两种。初乳是母猪产仔 3 天之内所分泌的乳，主要是产仔后头 12 小时之内的乳。常乳是母猪产仔 3 天后所分泌的乳。初乳和常乳成分不相同（表 4-3）。

同一头母猪的初乳和常乳的成分比较，初乳含水分低，含干物质高。初乳蛋白质含量比常乳含量高。初乳中脂肪和乳糖的含量均比常乳低。初乳中还含有大量抗体和维生素，这可保证仔猪有较强的抗病

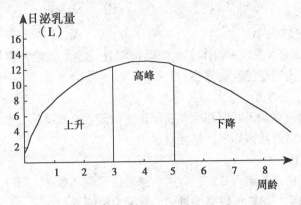

图 4-1 母猪的泌乳曲线

力和良好的生长发育。由此可见，初乳完全适应刚出生仔猪生长发育快、消化能力低、抗病力差等特点。

表 4-3 初乳和常乳的成分

	水分	总蛋白	脂肪	乳糖	免疫球蛋白（毫克/毫升血液）			白蛋白
					G	A	H	
初乳	73.5	19.3	4.0	2.2	64.2*	15.6*	6.7	13.8*
常乳	81.1	5.8	7.3	4.3	3.5**	5.5**	2.3**	4.9**

注：* 分娩后 12 小时平均值；** 分娩后 72 小时平均值。免疫球蛋白项目的数据仅供参考，因为其含量受各种因素影响而变化幅度很大。这些数据旨在说明初乳中免疫球蛋白的含量大大高于常乳中的含量，且其含量迅速降低

（三）影响母猪泌乳量的因素

1. 饮水

母猪乳中含水量为 81%~83%，每天需要较多的饮水，若供水不足或不供水，都会影响猪的泌乳量，常使乳汁变浓，含脂量增多。

2. 饲料

多喂些青绿多汁饲料，有利于提高母猪的泌乳力。另外，饲喂次数、饲料优劣对母猪的泌乳量也有影响。

3. 年龄与胎次

一般情况下，第 1 胎的泌乳量较低，以后逐渐上升，4~5 胎后逐

渐下降。

4. 个体大小

"母大仔肥"，一般体重大的母猪泌乳量多。体重大的母猪失重较多，主要用于泌乳的需要。

5. 分娩季节

春秋两季，天气温和凉爽，母猪食欲旺盛，其泌乳量也多；冬季严寒，母猪消耗体热多，泌乳量也少。

6. 母猪发情

母猪在泌乳期间发情，常影响泌乳的质量和数量，同时易引起仔猪的白痢病，泌乳量较高的母猪，泌乳会抑制发情。

7. 品种

母猪品种不同，泌乳量也有差异。一般二杂母猪的泌乳量较纯种母猪和土杂猪的泌乳量要高。

8. 疾病

泌乳期母猪若患病，如感冒、乳房炎、肺炎等疾病，可使泌乳量下降。

二、哺乳母猪的营养需要特点

（一）能量

泌乳母猪昼夜泌乳，随乳汁排出大量干物质，这些干物质含有较多的能量，如果不及时补充，一则会降低泌乳母猪的泌乳量，二则会使得泌乳母猪由于过度泌乳而消瘦，体质受到损害。为了使泌乳母猪在 4~5 周的泌乳期内体重损失控制在 10~14 千克范围内，一般体重 175 千克左右带仔 10~12 头的泌乳母猪，日粮中消化能的浓度为 14.2 兆焦/千克，其日粮量为 5.5~6.5 千克，每日饲喂 4 次左右，以生湿料喂饲效果较好。如果夏季气候炎热，母猪食欲下降时，可在日粮中添加 3%~5% 的动物脂肪或植物油；另外，冬季有些场家舍内温度达不到 15~20℃，母猪体能损失过多时，一种方法是增加日粮给量，另一种方法是向日粮中添加 3%~5% 的脂肪。如果母猪日粮能量浓度低或泌乳母猪吃不饱，母猪表现不安，容易踩压仔猪时，建议母猪从产仔第 4 天起自由采食。上述方法有利于泌乳和将来发情配种。

（二）蛋白质

泌乳母猪日粮中蛋白质数量和质量直接影响着母猪的泌乳量。生产实践中发现，当母猪日粮蛋白质水平低于 12% 时，母猪泌乳量显着降低，仔猪容易下痢且母猪断奶后体重损失过多，最终影响再次发情配种。因此，日粮中粗蛋白质水平一般应控制在 16.3% ~ 19.2% 较为适宜。在考虑蛋白质数量的同时，还要注意蛋白质的质量，特别是氨基酸组成及含量问题。

1. 蛋白质饲料的选用

如果选用动物性蛋白质饲料提倡使用进口鱼粉，一般使用比例为 5% 左右；植物性蛋白质饲料首选豆粕，其次是其他杂粕。值得指出的是棉粕、菜粕去毒、减毒不彻底的情况下不要使用，以免造成母猪蓄积性中毒，影响以后的繁殖利用。

2. 限制性氨基酸的供给

在以玉米-豆粕-麦麸型的日粮中，赖氨酸作为第一限制性氨基酸，如果供给不足将会出现母猪泌乳量下降，失重过多等后果。因此，应充分保证泌乳母猪对必需氨基酸的需要，特别是限制性氨基酸更应给予满足。实际生产中，多用含必需氨基酸较丰富的动物性蛋白质饲料，来提高饲粮中蛋白质质量，也可以使用氨基酸添加剂达到需要量，其中赖氨酸水平应在 0.75% 左右。

（三）矿物质和维生素

日粮中矿物质和维生素含量不仅影响母猪泌乳量，而且也影响母猪和仔猪的健康。

1. 矿物质的供应

在矿物质中，如果钙磷缺乏或钙磷比例不当，会使母猪的泌乳量降低。有些高产母猪也会在过度泌乳，日粮中又没有及时供给钙磷的情况下，动用体内骨骼中的钙和磷而引起瘫痪或骨折，使得高产母猪利用年限降低。泌乳母猪日粮中的钙一般为 0.75% 左右，总磷为 0.60% 左右，有效磷为 0.35% 左右，食盐为 0.4% ~ 0.5%。钙磷一般常使用磷酸氢钙、石粉等来满足需要。现代养猪生产，母猪生产水平较高，并且处于封闭饲养条件下，其他矿物质和维生素也应该注意添加。

2. 维生素的供应

哺乳仔猪生长发育所需要的各种维生素均来源于母乳，而母乳中的维生素又来源于饲料。因此，母猪日粮中的维生素应充足。饲养标准中的维生素推荐量只是最低需要量，现在封闭式饲养，泌乳母猪的生产水平又较高，基础日粮中的维生素含量已不能满足泌乳的需要，必须靠添加来满足，实际生产中的添加剂量往往高于标准。特别是维生素 A、维生素 D、维生素 E、维生素 B_2、维生素 B_5、维生素 B_{12}、泛酸等应是标准的几倍。一些维生素缺乏症，有时不一定在泌乳期得以表现，而是影响以后的繁殖性能，为了使母猪继续使用，在泌乳期间必须给予充分满足。

三、哺乳母猪的精细化饲养

(一) 饲料喂量要得当

母猪分娩的当天不喂料或适当少喂些混合饲料，但喂量必须逐渐增加，切不可一次喂很多，骤然增加喂量，对母猪消化吸收不利，会减少泌乳量。母猪产后发烧原因之一，往往是由于突然增加饲料喂量所致。为了提高泌乳量，一般都采用加喂蛋白质饲料和青绿多汁饲料的办法。但蛋白质水平过高，会引起母猪酸中毒。故必须多喂含钙质丰富的补充饲料，再加喂些鱼粉、肉骨粉等动物性饲料，可以显著地提高泌乳量。

哺乳母猪应按带仔多少，随之增减喂料量，一般都按每多带 1 头仔猪，在母猪维持需要基础上加喂 0.35 千克饲料，母猪维持需要按每 100 千克重喂 1.1 千克料计算，才能满足需要。如 120 千克的母猪，带仔 10 头，则每天平均喂 4.8 千克料。如带仔 5 头，则每天喂 3.1 千克料。

(二) 饲喂优质的饲料

发霉、变质的饲料，绝对不能喂哺乳母猪，否则会引起母猪严重中毒，还能使乳汁带毒，引起仔猪腹泻或死亡。为了防止母猪发生乳房炎，在仔猪断奶前 3~5 天减少饲料喂量，促使母猪回奶。仔猪断奶后 2~3 天，不要急于给母猪加料，等乳房出现皱褶后，说明已回奶，再逐渐加料，以促进母猪早发情、配种。

(三) 保证充足的饮水

猪乳中水分含量为 80% 左右，泌乳母猪饮水不足，将会使其采食量减少和泌乳量下降，严重时会出现体内氮、钠、钾等元素紊乱，诱发其他疾病。1 头泌乳母猪每日饮水为日粮重量的 4~5 倍。在保证数量的同时要注意卫生和清洁。饮水方式最好使用自动饮水器，水流量至少 250 毫升/分钟，安装高度为母猪肩高加 5 厘米（一般为 55~65 厘米），以母猪稍抬头就能喝到水为好。如果没有自动饮水装置，应设立饮水槽，保证饮水卫生清洁。严禁饮用不符合卫生标准的水。

第五节　哺乳母猪的精细化管理

哺乳母猪管理的重点是在保持良好的环境条件的基础上，进行全方位观察，发现异常及时纠正。

一、保持良好的环境条件

良好的环境条件，能避免母猪感染疾病，从而减少仔猪的发病率，提高成活率。

粪便要随时清扫，即做到母猪一拉大便就立即清扫，并用蘸有消毒液的湿布擦洗干净，防止仔猪接触粪便或粪渣。保持清洁干燥和良好的通风，应有保暖设备，防止酸风侵袭，做到冬暖夏凉。

二、乳房的检查与管理

(一) 有效预防乳房炎

每天定时认真检查母猪乳房，观察仔猪吃奶行为和母仔关系，判断乳房是否正常。同时用手触摸乳房，检查有无红肿、结块、损伤等异常情况。如果母猪不让仔猪吸乳，伏地而躺，有时母猪还会咬仔猪，仔猪则围着母猪发出阵阵叫奶声，母猪的一个或数个乳房乳头红肿、潮红，触之有热痛感表现，甚至乳房脓肿或溃疡，母猪还伴有体温升高、食欲不振、精神委顿现象，说明发生了乳房炎。此时，应用温热毛巾按摩后，再涂抹活血化瘀的外用药物，每次持续按摩 15 分钟，并采用抗生素治疗。

① 轻度肿胀时，用温热的毛巾按摩，每次持续 10~15 分钟，同时肌内注射蒽诺沙星或阿莫西林等药物治疗。

② 较严重时，应隔离仔猪，挤出患病乳腺的乳汁，局部涂擦 10%鱼石脂软膏（碘 1 克、碘化钾 3 克、凡士林 100 克）或樟脑油等。对乳房基部，用 0.5%盐酸普鲁卡因 50~100 毫升加入青霉素 40万~80 万单位进行局部封闭。有硬结时进行按摩、温敷，涂以软膏。静脉注射广谱抗生素，如阿莫西林等。

③ 发生肿胀时，要采取手术切开排脓治疗；如发生坏死，切除处理。

（二）有效预防母猪乳头损伤

① 由于仔猪剪牙不当，在吮吸母乳的过程中造成乳头损伤。

② 使用铸铁漏粪地板的，由于漏粪地板间隙边缘锋利，母猪在躺卧时，乳头会陷入间隙中，因外界因素突然起立时，容易引起乳头撕裂。生产上，应根据造成乳头损伤的原因加以预防。

③ 哺乳母猪限位架设置不当或损坏，造成母猪乳头损伤。

三、检查恶露是否排净

（一）恶露的排出

正常母猪分娩后 3 天内，恶露会自然排净。若 3 天后，外阴内仍有异物流出，应给予治疗。可肌内注射前列腺素。若大部分母猪恶露排净时间偏长，可以采用在母猪分娩结束后立即注射前列腺素，促使恶露排净，同时也有利于乳汁的分泌。

（二）滞留胎衣或死胎的排空

若排出的异物为黑色黏稠状，有蛋白腐败的恶臭，可判断为胎衣滞留或死胎未排空。注射前列腺素促进其排空，然后冲洗子宫，并注射抗生素治疗。

（三）子宫炎或产道炎的治疗

若排出异物有恶臭，呈稠状，并附着外阴周边，呈脓状，可判断为子宫炎或产道炎，应对子宫或产道进行冲洗，并注射抗生素治疗。

对急性子宫炎，除了进行全身抗感染处理外，还要对子宫进行冲洗。所选药物应无刺激性（如 0.1%高锰酸钾溶液、0.1%雷夫奴儿溶液等）冲洗后可配合注射氯前列烯醇，有助于子宫积脓或积液的排出。子宫冲洗一段时间后，可往子宫内注入80万~320万单位的青霉素或1克金霉素或2~3克阿莫西林粉或1~2克的环丙沙星粉，有助于子宫消炎和恢复。

对慢性子宫炎，可用青霉素20万~40万单位、链霉素100万单位，混在高压灭菌的植物油20毫升中，注入子宫。为了排出子宫内的炎性分泌物，可皮下注射垂体后叶素20万~40万单位，也可用青霉素80万~160万单位、链霉素1克溶解在100毫升生理盐水中，直接注入子宫进行治疗。慢性子宫炎治疗应选在母猪发情期间，此时子宫颈口开张，易于导管插入。

四、检查泌乳量

（一）哺乳母猪泌乳量高低的观察方法

通过观察乳房的形态，仔猪吸乳的动作，吸乳后的满足感及仔猪的发育状况、均匀度等判断母猪的泌乳量高低。如母猪奶水不足，应采取必要的措施催奶或将仔猪转栏寄养。

哺乳母猪泌乳量高低的观察方法见表4-4。

表4-4　哺乳母猪泌乳量高低的观察方法

	观察内容	泌乳量高	泌乳量低
母猪	精神状态	机警，有生机	昏睡，活动减少；部分母猪机警，有生机
	食欲	良好，饮水正常	食欲不振，饮水少，呼吸快，心率增加，便秘，部分母猪体温升高
	乳腺	乳房膨大，皮肤发紧而红亮，其基部在腹部隆起呈两条带状，两排乳头外八字形向两外侧开张	乳房构造异常，乳腺发育不良或乳腺组织过硬，或有红、肿、热、痛等乳房炎症状；乳房及其基部皮肤皱缩，乳房干瘪；乳头、乳房被咬伤
	乳汁	漏乳或挤奶时呈线状喷射且持续时间长	难以挤出或呈滴状滴出乳汁
	放奶时间	慢慢提高哼哼声的频率后放奶，初乳每次排乳1分钟以上，常乳放奶时间10~20秒	放奶时间短，或将乳头压在身体下

（续表）

观察内容		泌乳量高	泌乳量低
仔猪	健康状况	活泼健壮，被毛光亮，紧贴皮肤，抓猪时行动迅速、敏捷，被捉后挣扎有力，叫声洪亮	仔猪无精打采，连续几小时睡觉，不活动；腹泻，被毛杂乱竖立，前额皮肤脏污；行动缓慢，被捉后不叫或叫声嘶哑、低弱；仔猪面部带伤，死亡率高
	生长发育	3日龄后开始上膘，同窝仔猪生长均匀	生长缓慢，消瘦，生长发育不良，脊骨和肋骨显现突出；头尖，尾尖；同窝仔猪生长不均匀或整窝仔猪生长迟缓，发育不良
	吃奶行为	拱奶时争先恐后，叫声响亮；吃奶各自吃固定的奶头，安静、不争不抢、臀部后蹲、耳朵竖起向后、嘴部运动快；吃奶后腹部圆滚，安静睡觉	拱奶时争斗频繁，乳头次序乱；吃奶时频繁更换奶头、拱乳头，尖声叫唤；吃奶后长时间忙乱，停留在母猪腹部，腹部下陷；围绕栏圈寻找食物，拱母猪粪，喝母猪尿，模仿母猪吃母猪料，开食早
母仔关系	哺乳行为发动	母猪由低到高、由慢到快召唤仔猪，主动发动哺乳行为；仔猪吃饱后停止吃奶，主动终止哺乳行为	由仔猪拱母猪腹部、乳房，吮吸乳头，母猪被动进行哺乳；母猪趴卧将乳头压在身下或马上站起，并不时活动，终止哺乳、拒绝授乳
	放乳频率	放乳频率、排乳时间有规律	放乳频率正常，但放奶时间短或放乳频率不规律
	母仔亲密状况	哺乳前，母猪召唤仔猪；放乳前，母猪舒展侧卧，调整身体姿态，使下排乳头充分显露；仔猪尖叫时，母猪翻身站立、喷鼻、竖耳，处于戒备状态；压倒或踩到仔猪时，立即起身；仔猪活动到母猪头部时，母猪发出柔和的声音；仔猪听到母猪哼哼声时，积极赶到母猪腹部吃奶；仔猪紧贴着母猪下方或爬到母猪腹部侧上方熟睡	母猪对仔猪索奶行为表现易怒症状，用头部驱赶叫唤仔猪或由嘴将其拱到一边；对吸吮乳头仔猪通过起身、骚动加以摆脱；压倒、踩到仔猪时麻木不仁；仔猪急躁不安，围着母猪乱跑，不时尖叫，不停地拱动母猪腹部、乳房，咬住乳头不松口

（二）母猪奶水不足的应对措施

1. 母猪奶水不足的表现

① 仔猪头部黑色油斑。多因仔猪头部磨蹭母猪乳房导致的。

② 仔猪嘴部、面颊有噬咬的伤口。仔猪为了抢奶头而争斗，难

免自相残杀，只为填饱肚子。

③ 多数仔猪膝关节有损伤。多因仔猪跪在地上吃奶时间长，争抢奶头摩擦，导致膝盖受伤，易继发感染细菌性病原体，关节肿，被毛粗乱。

④ 母猪放奶已结束，仔猪还含着母猪奶头不放。因奶水太少，仔猪吃不饱所致。

⑤ 母猪乳房上有乳圈。奶太少所致。

⑥ 母猪藏奶。母猪奶水不足，不愿给仔猪吮吸，吮吸使母猪不适，又或者母猪母性不好，或者初产母猪第一次不熟悉如何带仔所致。

⑦ 母猪乳房红肿发烫，无乳综合征。母猪在产床睡觉姿势俯卧，不侧卧，是因为母猪乳房发炎，怕仔猪吸乳而疼痛。

2. 母猪奶水不足的应对措施

① 提供一个安静舒适的产房环境。

② 饲喂质量好、新鲜适口的哺乳母猪料，绝不能饲喂发霉变质的饲料。

③ 想方设法提高母猪的采食量。

④ 提供足够清洁的饮水，注意饮水器的安装位置和饮水流速，保证母猪能顺利喝到足够的水。

⑤ 做好产前、产后的药物保健，预防产后感染，有针对性地及时对产后出现的感染进行有效治疗。

⑥ 催乳。对于乳房饱满而无乳排出者，用催产素 20～30 单位、10%葡萄糖 100 毫升，混合后静脉推注；或用催产素 20～30 单位、10%葡萄糖 500 毫升混合静脉滴注，每天 1～2 次；或皮下注射催产素 30～40 单位，每天 3～4 次，连用 2 天。此外，用热毛巾温敷和按摩乳房，并用手挤掉乳头塞。

对于乳房松弛而无乳排出者，可用苯甲酸雌二醇 10～20 毫克+黄体酮 5～10 毫克+催产素 20 单位，10%葡萄糖 500 毫升混合静脉滴注，每天 1 吃，连用 3～5 天，有一定的疗效。

中药催乳也有很好的疗效。催乳中药重在健脾理气、活血通经，可用通乳散或通穿散。通乳散：王不留行、党参、熟地、金银花各

30 克，穿山甲、黄芪各 25 克，广木香、通草各 20 克。通穿散：猪蹄匣壳 4 对（焙干）、木通 25 克、穿山甲 20 克、王不留行 20 克。

五、其他检查

（一）检查母猪采食量

由于母猪分娩过程是强烈的应激过程，分娩后往往体质虚弱，容易感染各种细菌，引发各种疾病，这些极易造成母猪不吃料。在生产上如发生这种情况，要认真查找引起不吃料的原因，并采取相应的措施。

（二）检查母猪健康和精神状况

哺乳母猪在分娩时和泌乳期间处于高度应激状态，抵抗力相对较弱，应及时在饲料中添加必要的抗生素进行预防保健。建议从分娩前 7 天到断奶后 7 天这一段时间（含哺乳全期）添加抗生素预防保健，至少应在分娩前后 7 天或断奶前后 7 天添加。

（三）检查舍内环境

给母猪和仔猪提供一个舒适安静的环境是饲养哺乳母猪非常关键的一项工作。

（四）检查饮水器的供水情况

清洁充足的饮水对哺乳母猪的重要性甚至超过饲料，是提高母猪采食量，确保充足奶水和自身健康的重要条件。因此每天早、中、晚定时检查饮水器，及时修复损坏的饮水器，保证充足的供水。

第五章　精细化的疫病生物安全防控体系

第一节　改善猪的生存环境

猪的生存环境，包括内部环境和外部环境，影响猪只生理过程和健康状况。内部环境是指猪机体内部一切与猪只生存有关的物理、化学和生物学的因素；外部环境是指周围一切与猪只有关的事物总和，包括空气、土壤、水等非生物环境，动植物、微生物等生物环境，以及猪舍及其设备、饲养管理等人为环境。这些外部环境是多变的，猪体通过其内部调节功能，在不断变化的环境中维持体内环境的相对稳定。但机体对环境的适应能力是有限度的，当环境条件剧烈变化，超过机体调节能力限度的，则机体的内环境遭到破坏，猪体的健康和生产能力受到影响，严重时可导致死亡。生物安全环境是猪只生存环境最重要的组成部分。生物安全措施是指采取预防措施，减少从外界带入疫病的危险性。

一、场址的选择

（一）猪场选址的生物环境要求

理想的猪场环境，一般要求地形整齐开阔，地势较高、干燥、平坦或有缓坡，背风向阳，通风良好，不受洪涝灾害的影响，不积水，利于排污和污水净化，有充足的洁净水源。

（二）交通便利

猪场必须选在交通便利，较为偏僻且易于设防的地方，更为重要的是还必须有一个保证防疫安全的生物环境，不可太靠近主要交通干道，最好离主要干道 400 米以上，同时，要距离居民点 500 米以上。

如果有围墙、河流、林带等屏障，则距离可适当缩短些。禁止在旅游区及工业污染严重的地区建场。

（三）水源水质

猪场水源要求水量充足，水质良好，便于取用和进行卫生防护。水源水量必须能满足场内生活用水、猪只饮用及饲养管理用水（如清洗调制饲料、冲洗猪舍、清洗机具、用具等）的要求。

（四）场地面积

猪场占地面积依据猪场生产的任务、性质、规模和场地的总体情况而定。生产区面积一般可按每头繁殖母猪 $40 \sim 50$ 米^2 计划。

二、符合生物安全要求的规划布局

（一）生产区

生产区包括各类猪舍和生产设施，这是猪场中的主要建筑区，一般建筑面积约占全场总建筑面积的 $70\% \sim 80\%$。种猪舍要求与其他猪舍隔开，形成种猪区。种猪区应设在人流较少和猪场的上风向，种公猪在种猪区的上风向，防止母猪的气味对公猪形成不良刺激，同时可利用公猪的气味刺激母猪发情。分娩舍既要靠近妊娠舍，又要接近培育猪舍。育肥猪舍应设在下风向，且离出猪台较近。在设计时，使猪舍方向与当地夏季主导风向成 $30° \sim 60°$，使每排猪舍在夏季得到最佳的通风条件。总之，应根据当地的自然条件，充分利用有利因素，从而在布局上做到对生产最为有利。在生产区的入口处，应设专门的消毒间或消毒池，以便进入生产区的人员和车辆进行严格的消毒。

（二）饲养管理区

饲养管理区包括猪场生产管理必需的附属建筑物，如饲料加工车间、饲料仓库、修理车间；变电所、锅炉房、水泵房等。饲养管理区和日常的饲养工作有密切的关系，所以应该与生产区毗邻建立。

（三）病猪隔离间及粪便堆存处

病猪隔离间及粪便堆存处这些建筑物应远离生产区，设在下风向、地势较低的地方，以免影响生产猪群。

（四）兽医室

应设在生产区内，只对区内开门，为便于病猪处理，通常设在下风方向。

（五）生活区

包括办公室、接待室、财务室、食堂、宿舍等，这是管理人员和家属日常生活的地方，应单独设立。一般设在生产区的上风向，或与风向平行的一侧。此外猪场周围应建围墙或设防疫沟，以防兽害和避免闲杂人员进入场区。

（六）道路

道路对生产活动正常进行，对卫生防疫及提高工作效率起着重要的作用。场内道路应净、污分道，互不交叉，出入口分开。净道的功能是人行和饲料、产品的运输，污道为运输粪便、病猪和废弃设备的专用道。

（七）水塔

自设水塔是清洁饮水正常供应的保证，位置选择要与水源条件相适应，且应安排在猪场最高处。

（八）绿化

绿化不仅美化环境，净化空气，也可以防暑、防寒，改善猪场的小气候，同时还可以减弱噪声，促进安全生产，从而提高经济效益。因此在进行猪场总体布局时，一定要考虑和安排好绿化。

三、各类猪舍的建筑设计

（一）猪舍的形式

1. 按屋顶形式分

猪舍有单坡式、双坡式等。单坡式一般跨度小，结构简单，造价低，光照和通风好，适合小规模猪场。双坡式一般跨度大，双列猪舍和多列猪舍常用该形式，其保温效果好，但投资较多。

2. 按墙的结构和有无窗户分

猪舍有开放式、半开放式和封闭式。开放式是三面有墙一面无墙，通风透光好，不保温，造价低。半开放式是三面有墙一面半截墙，保温稍优于开放式。封闭式是四面有墙，又可分为有窗和无窗两种。

3. 按猪栏排列分

猪舍有单列式、双列式和多列式。

（二）猪舍的基本结构

一列完整的猪舍，主要由墙壁、屋顶、地面、门、窗、粪尿沟、隔栏等部分构成。

1. 墙壁

要求坚固、耐用，保温性好。比较理想的墙壁为砖砌墙，要求水泥勾缝，离地 0.8~1.0 米水泥抹面。

2. 屋顶

比较理想的屋顶为水泥预制板平板式，并加 15~20 厘米厚的土以利保温、防暑。目前，很多猪场已经使用新型材料，做成钢架结构支撑系统、瓦楞钢房顶板，并夹有玻璃纤维保温棉，保温效果良好。

3. 地板

地板要求坚固、耐用，渗水良好。比较理想的地板是水泥勾缝平砖式。其次为夯实的三合土地板，三合土要混合均匀，湿度适中，切实夯实。

4. 粪尿沟

开放式猪舍要求设在前墙外面；全封闭、半封闭（冬天扣塑棚）猪舍可设在距南墙 40 厘米处，并加盖漏缝地板。粪尿沟的宽度应根据舍内面积设计，至少有 30 厘米宽。漏缝地板的缝隙宽度要求不得大于 1.5 厘米。

5. 门窗

开放式猪舍运动场前墙应设有门，高 0.8~1.0 米，宽 0.6 米，要求特别结实，尤其是种猪舍；半封闭猪舍则于运动场的隔墙上开门，高 0.8 米，宽 0.6 米；全封闭猪舍仅在饲喂通道侧设门，门高 0.8~1.0 米，宽 0.6 米。通道的门高 1.8 米，宽 1.0 米。无论哪种猪舍都应设后窗。开放式、半封闭式猪舍的后窗长与高皆为 40 厘米，上框距墙顶 40 厘米；半封闭式中隔墙窗户及全封闭猪舍的前窗要尽量大，下框距地应为 1.1 米；全封闭猪舍的后墙窗户可大小，若条件允许，可装双层玻璃。

6. 猪栏

除通栏猪舍外，在一般密闭猪舍内均需建隔栏。隔栏材料分为砖砌墙水泥抹面及钢栅栏 2 种。纵隔栏应为固定栅栏，横隔栏可为活动栅栏，以便进行舍内面积的调节。

（三）猪舍的类型

猪舍的设计与建筑，首先要符合养猪生产工艺流程，其次要考虑各自的实际情况。黄河以南地区以防潮隔热和防暑降温为主；黄河以北则以防寒保温和防潮防湿为重点。

1. 公猪舍、配怀舍

这类栏舍地面坡度设计要科学。坡度过大，猪只站立或活动时易打滑，坡度过小，易积水。地面倾斜度一般 1/30 较适宜，最好设计防滑拉纹（搓衣板状）。但不可太粗糙，以免磨伤猪脚，同时，还要考虑在清洗或排尿后不打滑以及易于干燥等问题。笔者见过两个新建大型猪场，猪栏地面太光滑、且坡度太大，猪只无法站立，特别是在猪拉尿弄湿地面后，或断奶母猪混群打斗等情况下，猪腿必将受伤无疑，严重者残废淘汰。为防猪因打滑致残，这两个场对猪栏地面都进行了处理。一个猪场用大锤加钢钎对猪栏地面进行打毛处理，虽说打滑问题解决了，但由于处理后的地面又过于毛糙以及高低不平，积水严重，卫生状况太差，母猪生殖道炎症等疾病很难控制。

很多猪场是把公猪舍、配怀舍设计在同一栏舍，这种设计主要好处是：一是母猪能随时闻到公猪气味以及抬头就能看到公猪，可有效刺激母猪发情；二是诱情、查情、配种等工作较为方便。但猪栏应设计成 3 种类型，即单栏（饲养公猪）、小群栏（每栏饲养 3 头空怀猪）、单体限位栏（用于母猪人工授精）。笔者曾见过有些猪场的配怀舍只有单栏、小群栏，没有限位栏，配种只好在小群栏内进行。这样，同一栏内既有发情待配母猪也有空怀母猪。配种操行起来十分不方便，有时刚输完精、输精管就被其他猪扯下来了，只好重新再来一次。即浪费了精液，又增加了工作时间。此外，还有猪爬猪的现象，这对刚配种的母猪负面影响很大。

公猪栏的围栏上不要留有公猪踏脚的地方，以免公猪爬上栏杆养成自淫的坏习惯。

猪舍外应设置运动场，按大、小间设计。大间用于断奶母猪混群，小间用于公猪运动。通过运动，一是可增强公、母猪体质；二是通过混群促进母猪发情；三是通过混群使猪只相互熟悉，可防止母猪合栏时相互咬架而致残。此外，运动场内应安装饮水设施，地面应铺草皮或30厘米以上黄沙，周围阔叶树木或搭盖遮阳网。

2. 怀孕舍

夏季降温难的问题在有些猪场较为突出。目前，部分猪场怀孕栏设计都是三列式、80米左右的长度，且湿帘等降温设施与猪舍不配套。这样的猪舍，猪群密度大，夏季猪舍散热困难。例如：某工厂化种猪场由于怀孕舍设计不合理，每到夏季，因热应激导致母猪死亡频繁发生。因此怀孕舍设计要从以下几个方面予以考虑。

（1）改3列为2列式减少猪舍长度（以不超过70米为宜） 主要目的是降低怀孕猪饲养密度以及改善通风条件。或采取其他办法解决猪舍降温问题。

（2）湿帘、风机与猪舍要配套 门窗要严，确保湿帘系统的降温效果。对较大怀孕猪群体，湿帘厚度应确保15厘米。目前国内大多数猪场使用的湿帘厚度多为10厘米，降温效果不佳。

（3）猪颈部上方要安装滴水降温系统，解决停电时湿帘、风机不能使用时的降温问题 在这里需要说明的是，滴水降温只能是在停电时或湿帘未用时使用，且门窗要打开，以降低舍内湿度。

（4）考虑干燥、清洁问题 限位栏食槽内侧要设计水沟，上盖铸铁漏缝板，防饮水时打湿地面，同时，后部也要铺盖铸铁缝板，以防猪只拉尿打湿栏位。如国内某大型商品猪场，为节约开支，没有采用上述方案，限位栏地面设计为全水泥地坪。在生产中，猪栏地面水淋淋、脏兮兮。这就是该猪场母猪生殖道炎症、皮肤病等较为严重的主要原因。

（5）限位栏的栏的长、宽、高要适中，应依种猪体型而定 一般限位栏长度为200厘米（不含饲槽空间），宽度65厘米，高度100厘米。过窄，大体形猪睡不下，或躺下后相互挨着，在夏天时不利于散热；过宽，小体型猪（后备猪）易调头翻栏；过长，猪来回走动，易弄脏栏位；过短，猪活动空间太小，过矮，猪易翻栏。

（6）漏缝板缝应小于 1.2 厘米，以免伤害猪脚（尤其是长白猪脚趾较尖）　某猪场因漏缝板隙稍大，相当多的怀孕母猪脚趾损伤、趾甲脱落溃烂失去种用价值而提前淘汰。

3. 分娩舍

产床高度应适中，一般不超过 30 厘米为宜，过高，母猪上床难；过低，湿度大。

产床采用全铸铁漏缝板较好，漏缝长条状（圆洞状伤乳头）缝宽不应大于 1 厘米，而塑料漏缝板不太耐用。

保温箱用玻璃钢制作较好，而夹板、泡沫板不耐用，且易藏污纳垢。某猪场仔保温箱的材料是由纤维制作，使用不到 1 个月，即一批母猪产仔、哺乳结束后部分保温箱就坏了，这种保温箱经高压水枪冲洗就会穿洞。而使用玻璃钢保温使用了 5 年至今还完好无损。因此，建议保温箱材料还是用玻璃钢为好。

电热板、红外线灯线要采取措施防猪咬，而红外线灯最好用防爆、防水、双调和功率型，这种灯泡即耐用又节能。

4. 保育舍

保育舍地面可采用半漏缝设计，即 1/2 无缝塑料板，1/2 的塑料漏缝板。其中无缝部分放置食槽、电热板、保温箱。

电热板、红外线灯线要采取防猪咬的措施。某新建猪场由于缺乏此经验，一个冬季没过完，电热板、红外灯等连接线都被猪咬得所剩无几了。

保育舍应设计成小单元、两阶段保育模式：第一阶段用大保温箱加红外线保温灯，第二阶段可取消保温箱和保温灯，用电热板即可。大环境可采用热风炉保温，这种方法效好，可达到升温、除湿、去异味之功效。

保育猪下床是一件令人头疼的事情，如果在高床底部四周安装活动围栏，平时折叠起来别处放置，猪下床时安装使用。可解决保育猪下床时钻入床底的难题。

5. 生长、育肥舍

每栏应安装饮水器两个，一高一低（生长舍），保证每头猪都能得到充分饮水。

舍内粪道栅栏门既要做到开启方便也要确保不被猪拱开。

舍内粪尿沟要通畅，深浅适宜，最好上盖铸铁漏缝板。以防止个别较小体形的猪只掉下粪水沟，被卡住憋死。

地面要既防漏又利于清洁卫生。

每栋猪舍要设计几个小间，作为外伤猪、腿猪、普通病猪的临时隔防治疗间。

赶猪通道、拖粪道设计合理，要方便、省力、易管理。

6. 其他

所有栏舍顶面应设大小相同若干个可开启式通风孔（天窗），便于氨气等有害气体的排出，确保栏内空气清新。目前国内较多猪屋面都不重视通风孔设置。特别是在冬季，也是猪呼吸道疾病发生的又一诱因。如条件许可，公猪舍可使用空调降温。

自动供料系统：主要应考虑饲料塔的防漏水、防高温（防日晒）等问题。目前国内部分猪场都存在这方面的问题。主要原因是接口处、紧固螺栓处密封不好或密封胶质量未过关。再说饲料塔的保温问题，国内的饲料塔（储料罐）大多是由薄薄一层镀锌板加工而成，特别是在夏天，太阳一晒，饲料塔（储料桶）内温度可达到60℃以上甚至更高，饲料质量受到很大影响，尤其是维生素损失更大。

解决办法：对渗漏问题，可在接口处、紧固螺栓处使用优质密封胶垫封严；使用前先做冲水试验，看有无渗漏迹象；把储料罐做成夹层，夹层内填充隔热保温物质或外层涂以反光漆，可取得一定的效果。

第二节　选用先进的设备

先进的猪场设备是确保猪只健康、提高生产水平和经济效益的重要保证。猪场设备有：猪栏、产房、漏缝地板、饲料供给及饲喂设备、供水及饮水设备、供热保温设备、通风降温设备、清洁消毒设备、粪便处理设备、监测仪器及运输设备。

一、猪栏

使用猪栏可以减少猪舍占地面积，便于饲养管理和改善环境。不同的猪舍应配备不同的猪栏。按结构分类有实体猪栏、栅栏式猪栏、母猪限位栏、高床产仔栏、高床育仔栏等。按用途分类有公猪栏、配种栏、妊娠栏、分娩栏、保育栏、生长育肥栏等。

（一）实体猪栏

即猪舍内圈与圈间以 0.8~1.2 米高的实体墙相隔，优点在于可就地取材、造价低，相邻圈舍隔离，有利于防疫，缺点是不便通风和饲养管理，而且占地。适于小规模猪场。

（二）栅栏式猪栏

即猪舍内圈与圈间以 0.8~1.2 米高的栅栏相隔，占地小，通风好，便于管理。缺点是耗钢材，成本高，且不利于防疫。现代化猪场多用。

（三）综合式猪栏

即猪舍内圈与圈间以 0.8~1.2 米高的实体墙相隔，沿通道正面用栅栏。集中了二者的优点，适于大小猪场。

（四）母猪单体限位栏

单体限位栏系钢管焊接而成，由两侧栏架和前、后门组成，前门处安装食槽和饮水器，尺寸为 2.1 米×0.6 米×0.96 米（长×宽×高）。常用于饲养空怀母猪和妊娠母猪，与群养母猪相比，便于观察发情、配种、饲养管理，但限制了母猪活动，易发生肢蹄病。适于工厂化集约化养猪。

（五）高床产仔栏

用于母猪产仔和哺育仔猪，由底网、围栏、母猪限位架、仔猪保温箱、食槽组成。底网采用由直径 5 毫米的冷拔圆钢编成的网或塑料漏缝地板，2.2 米×1.7 米（长×宽），下面附于角铁和扁铁，靠腿撑起，离地 20 厘米左右；围栏即四面地侧壁，为钢筋和钢管焊接而成，2.2 米×1.7 米×0.6 米（长×宽×高），钢筋间缝隙 5 厘米；母猪限位架为 2.2 米×0.6 米×（0.9~1.0）米（长×宽×高），位于底网中央，架前安装母猪食槽和饮水器，仔猪饮水器安装在前部或后部；仔猪保温箱为 1 米×0.6 米×0.6 米（长×宽×高）。优点是占地小，便于管理，防止仔猪被压死和减少疾病。但投资高。

（六）高床育仔栏

用于 4~10 周龄的断奶仔猪，结构同高床产仔栏的底网和围栏，高度 0.7 米，离地 20~40 厘米，占地小，便于管理，但投资高，规模化养殖多用。

二、产房

产房可选用有窗户的封闭式建筑，分设前后窗户，进行舍内采光、取暖和自然通风。窗户的大小因当地气候而异，寒冷地区应前大后小，还应降低房舍的净高，加吊顶棚。采用加厚墙或空心墙，以增加房舍的保温隔热效果。此外，产房可根据情况适当添加一些供暖、降温和通风等设备。产房供暖可采用暖风机、暖气和普通火炉等方式，其中暖风机既可供暖，又可进行正压通风，但使用成本较高。因此，对于众多的小规模饲养户来说，选用火炉取暖更为经济实用。在夏季十分炎热的地区，产房可采用雾化喷水装置与风机、室外湿帘相结合进行舍内防暑降温。

产房要为母猪及哺乳仔猪设置专门的高床产栏，产栏分为母猪限位区和仔猪活动区。母猪限位区设在产栏中间部位，是母猪生活、分娩和哺乳仔猪的地方。限位区的前部设前门、母猪饲料槽和饮水器，供母猪下床和饮食使用；后部设有后门，供母猪上产床、人工助产和清粪等使用。限位架通常用钢管制成，一般长 2.0~2.1 米，宽0.60~0.65 米，高 0.9~1.0 米，用来限制母猪活动，并使母猪不会很快"放偏"倒下，而是缓慢地以腹部着地，伸出四肢再躺下。这给仔猪留有逃避受母猪踩压的机会，可有效防止仔猪被压死。仔猪活动区设在母猪限位区的两侧，配备有仔猪补料槽饮水器和配有取暖保温装置（保温箱或保温伞）。高床产栏的底部可采用钢筋编织漏粪地板网，其离地面有一定高度，使母猪和仔猪脱离地面的潮湿和粪尿污染，有利于猪只健康，使仔猪断奶成活率显著提高。产栏可以是单列式或双列式，数量按繁殖母猪的规模和繁殖计划而定。如果哺乳期为 35 天，并进行全年均衡繁殖生产，每 20 头繁殖母猪需设置 5 个产栏。每列产栏的前后都要留出足够宽的走道，供母猪上下产栏、分娩接产和行走料车等。

三、漏缝地板

采用漏缝地板易于清除猪的粪尿，减少人工清扫，便于保持栏内的清洁卫生，保持干燥，以利于猪的生长。要求耐腐蚀、不变形、表面平整、坚固耐用，不卡猪蹄、漏粪效果好，便于冲洗。漏缝地板距粪尿沟约 80 厘米，沟中经常保持 3~5 厘米的水深。

目前其样式主要有以下几种。

水泥漏缝地板：表面应紧密光滑，否则表面会有积污而影响栏内清洁卫生，水泥漏缝地板内应有钢筋网，以防受破坏。

金属漏缝地板：由金属条排列焊接（或用金属编织）而成，适用于分娩栏和小猪保育栏。其缺点是成本较高，优点是不打滑，栏内清洁、干净。

金属冲网漏缝地板：适用于小猪保育栏。

生铁漏缝地板：经处理后表面光滑、均匀无边，铺设平稳，不会伤猪。

塑料漏缝地板：由工程塑料模压而成，有利于保暖。

陶质漏缝地板：具有一定的吸水性，冲洗后不会在表面形成小水滴，还具有防水功能，适用于小猪保育栏。

橡胶或塑料漏缝地板：多用于配种栏和公猪栏，不会打滑。

四、饲料供给及饲喂设备

饲料贮存、输送及饲喂，不仅花费劳动力多而且对饲料利用率及清洁卫生都有很大影响。主要设备有贮料塔、输送机、加料车、食槽和自动食箱等。

贮料塔：贮料塔多用 2.5~3.0 毫米镀锌波纹钢板压型而成，饲料在自身重力作用下落入贮料塔下锥体底部的出料口，再通过饲料输送机送到猪舍。

输送机：用来将饲料从猪舍外的贮料塔输送到猪舍内，然后分送到饲料车、食槽或自动食箱内。类型有：卧式搅龙输送机、链式输送机、弹簧螺旋式输送机和塞管式输送机。

加料车：主要用于定量饲养的配种栏、怀孕栏和分娩栏，即将饲料从饲料塔出口送至食槽。主要有两种形式，手推式机动和手推人力式加料。

食槽：可用水泥、金属等制成。水泥食槽主要用于配种栏和分娩栏，优点是坚固耐用，造价低，同时还可作饮水槽，缺点是卫生条件差。金属食槽主要用于怀孕栏和分娩栏，便于同时加料，又便于清洁，使用方便。

（1）间息添料食槽　条件较差的一般猪场采用。可为固定或移动食槽。一般为水泥浇注固定食槽。设在隔墙或隔栏的下面，由走廊添料，滑向内侧，便于猪采食。一般为长形，每头猪所占饲槽的长度依猪的种类、年龄而定。集约化、工厂化猪场，限位饲养的妊娠母猪或泌乳母猪，其固定食槽为金属制品，固定在限位栏上。

（2）方形自动落料食槽　常见于集约化、工厂化的猪场。方形落料食槽有单开式和双开式两种。单开式的一面固定在与走廊的隔栏或隔墙上；双开式则安放在两栏的隔栏或隔墙上，自动落料饲槽一般为镀锌铁皮制成，并以钢筋加固。

（3）圆形自动落料食槽　圆形自动落料食槽用不锈钢制成，较为坚固耐用，底盘也可用铸铁或水泥浇注，适用于高密度、大群体生长育肥猪舍。

五、供水及饮水设备

猪饮用水和清洁用水的供应，都共用同一管路。应用最广泛的是自动饮水系统（包括饮水管道、过滤器、减压阀和自动饮水器等）。猪用自动饮水器的种类很多，有鸭嘴式、杯式、吸吮式和乳头式等。乳头式饮水器具有便于防疫、节约用水等优点。由饮水器体、顶杆（阀杆）和钢球组成。平时，饮水器内的钢球靠自重及水管内的压力密封了水流出的孔道。猪饮水时，用嘴触动饮水器的"乳头"，由于阀杆向上运动而钢球被顶起，水由钢球与壳体之间的缝隙流出。用毕，钢球及阀杆靠自重下落，又自动封闭。乳头式饮水器对水质要求高，易堵塞，应在前端加装过滤网。由于乳头式和杯式自动饮水器的结构和性能不如鸭嘴式饮水器，目前普遍采用的是鸭嘴式自动饮水器。鸭嘴式猪用自动饮水器主要由饮水器体、阀杆、弹簧、胶垫或胶圈等部分组成。平时，在弹簧的作用下，阀杆压紧胶垫，从而严密封闭了水流出口。当猪饮水时，咬动阀杆，使阀杆偏斜，水通过密封垫的缝隙沿鸭嘴的尖端流入猪的口腔。猪不咬动阀杆时，弹簧使阀杆恢复正常位置，密封垫又将出水孔堵死停止供水。

六、供热保温设备

我国大部分地区冬季舍内温度都达不到猪只的适宜温度，需要提供采暖设备。另外，供热保温设备主要用于分娩栏和保育栏。采暖分集中采暖和局部采暖。供热保温设备主要有以下几种。

红外线灯：设备简单，安装方便，最常用，通过灯的高度来控制温度，但耗电，寿命短。

吊挂式红外线加热器：其使用方法与红外线相同，但费用高。

电热保温板：优点是在湿水情况下不影响安全，外型尺寸多为1 000毫米×450 毫米×30 毫米，功率为100 瓦，板面温度为260～320℃，分为调温型和非调温型。

加热地板：用于分娩栏和保育栏，以达到供温保暖的目的。

电热风器：吊挂在猪栏上热风出口对着要加温的区域。

挡风帘幕：用于南方较多，且主要用于全敞式猪舍。

太阳能采暖系统：经济，无污染，但受气候条件制约，应有其他的辅助采暖设施。

七、通风降温设备

为了节约能源，尽量采用自然通风的方式，但在炎热地区和炎热天气，就应该考虑使用降温设备。通风除降温作用外，还可以排出有害气体和多余水汽。

通风机：大直径低速小功率的通风机比较适用于猪场应用。这种风机通风量大，噪声小，耗能少，可靠耐用，适于长期工作。

水蒸发式冷风机：利用水蒸发吸热的原理以达到降低空气温度的目的。在干燥的气候条件下使用时，降温效果特别显著；湿度较高时，降温效果稍微差些；如果环境相对湿度在85%以上时，空气中水蒸气接近饱和，水分很难蒸发，降温效果差些。

喷雾降温系统：其冷却水由加压水泵加压，通过过滤器进入喷水管道系统而从喷雾器喷出形成水雾，使猪舍内空气温度降低。其工作原理与水蒸发式冷风机相同，而设备更简单易行。如果猪场风自来水系统水压足够，可以不用水泵加压，但过滤器还是必要的，因为喷雾器很小，容易堵塞而不能正常喷雾。旋转式的喷雾可使喷出的水雾均匀。

滴水降温：在分娩栏，母猪需要用水降温，而小猪要求温度稍高，而且不能喷水使分娩栏内地面潮湿，否则影响小猪生长。因而采用滴水降温法。即冷水对准母猪颈部和背部下滴，水滴在母猪背部体表散开，蒸发，吸热降温，未等水滴流到地面上已全部蒸发掉，不会使地面潮湿。这样既照顾了小猪需要干燥，又使母猪和栏内局部环境温度降低。

自动化很高的猪场，供热保温，通风降温都可以实现自动调节。如果温度过高，则帘幕自动打开，冷气机或通风机工作；如果温度太低，则帘幕自动关闭，保温设备自动工作。

八、清洁消毒设备

清洁消毒设备有冲洗设备和消毒设备。

固定式自动清洗系统：台湾省机械公司出口的自动冲洗系统能定时自动冲洗，配合程式控制器（PLC）作全场系统冲洗控制。冬天时，也可只冲洗一半的猪栏，在空栏时也能快速冲洗，以节省用水。水管架设高度在2米时，清洗宽度为3.2米，高度为2.5米，清洗宽度为4米，高度为3米时，清洗高度为4.8米。

简易水池放水阀：水池的进水与出水靠浮子控制，出水阀由杠杆机械人工控制。简单、造价低，操作方便，缺点是密封可靠性差，容易漏水。

自动翻水斗：工作时根据每天需要冲洗的次数调好进水龙头的流量，随着水面的上升，重心不断变化，水面上升到一定高度时，翻水斗自动倾倒，几秒钟内可将全部水倒出冲入粪沟，翻水斗自动复位。

结构简单，工作可靠，冲力大，效果好，主要缺点是耗用金属多，造价高，噪声大。

虹吸自动冲水器：常用的有两种形式，盘管式虹吸自动冲水器和U形管虹吸自动冲水器，结构简单，没有运动部件，工作可靠，耐用，故障少，排水迅速，冲力大，粪便冲洗干净。

高压清洗机：高压清洗机采用单相电容电动机驱动卧式三柱塞泵。当与消毒液相连时，可进行消毒。

火焰消毒器：利用煤油高温雾化剧烈燃烧产生的高温火焰对设备或猪舍进行瞬间的高温喷烧，以达到消毒杀菌之功效。

紫外线消毒灯：以产生的紫外线来消毒杀菌。

九、粪便处理设备

每头猪平均年产猪粪2 500千克左右，及时合理地处理猪粪，既可获得优质的肥料，又可减少对周围环境的污染。

粪便处理设备包括带粉碎机的离心泵、低速分离筒、螺旋压力机、带式输送装置等部分。将粪液用离心泵从贮粪池中抽出，经粉碎后送入筛孔式分离滚筒将粪液分离成固态和液态2部分。固态部分进行脱水处理，使其含水率低于70%后，再经带式输送器送往运输车，运到贮粪场进行自然堆放状态下的生物处理。液态部分经收集器流入贮液池，可利用双层洒车喷洒到田间，以提高土壤肥力。

复合肥生产设备：可把猪粪生产为有机复合肥，设备包括原料干燥、粉碎、混合、成粒、成品干燥、分级、计量包装等部分。在颗粒成形上根据肥料含有纤维质的比例，选用不同的制粒机。纤维质比例较大时采用挤压式制粒机，占比例小时采用园盘造粒机，干燥燃料以煤为主，也可用其他燃料代替。

BB肥（掺混肥）生产设备：能利用猪粪生产出高含量全价营养复合肥，本设备可根据不同的作物及土质，加入所需的中、微量元素和杀虫剂。自动计量封包，精度准确，每包定量可以自由设定为20~50千克。

十、监测仪器

根据猪场实际可选择下列仪器：饲料成分分析仪器、兽医化验仪器、人工授精相关仪器、妊娠诊断仪器、称重仪器、活体超声波测膘仪、计算机及相关软件。

十一、运输设备

主要有仔猪转运车、饲料运输车和粪便运输车。仔猪转运车可用钢管、钢筋焊接，用于仔猪转群。饲料运输车采用罐装料车或两轮、三轮和四轮加料车。粪便运输车多用单轮或双轮手推车。

除上述设备外，猪场还应配备断尾钳、牙剪耳号钳、耳号牌、捉猪器、赶猪鞭等。

第三节　实施有效消毒

一、消毒的分类

（一）按消毒目的分

根据消毒的目的不同，可分为疫源地消毒、预防性消毒。

1. 疫源地消毒

疫源地消毒是指针对有传染源（病猪或病原携带者）存在的地区，进行消毒，以免病原体外传。疫源地消毒又分为随时消毒和终末消毒2种。

（1）随时消毒　是指猪场内存在传染源的情况下开展的消毒工作，其目的是随时、迅速杀灭刚排出体外的病原微生物。当猪群中有个别或少数猪发生一般性疫病或有突然死亡现象时，立即对所在栏舍进行局部强化消毒，包括对发病和死亡猪只的消毒及无害化处理，对被污染的场所和物体的立即消毒。这种情况的消毒需要多次反复地进行。

（2）终末消毒　是采用多种消毒方法对全场或部分猪舍进行全方位的彻底清理与消毒。当被某些烈性传染病感染的猪群已经死亡、淘汰或痊愈，传染源已不存在，准备解除封锁前应进行大消毒。在全进全出生产系统中，当猪群全部从栏舍中转出后，对空栏及有关生产工具要进行大消毒。春秋季节气候温暖，适宜于各种病原微生物的生长繁殖，春秋两季应进行常规大消毒。

2. 预防性消毒

或叫日常消毒，是指未发生传染病的安全猪场，为防止传染病的传入，结合平时的清洁卫生工作、饲养管理工作和门卫制度对可能受病原污染的猪舍、场地、用具、饮水等进行的消毒。主要包括以下内容。

（1）定期消毒　根据气候特点、本场生产实际，对栏舍、舍内空气、饲料仓库、道路、周围环境、消毒池、猪群、饲料、饮水等制订具体的消毒日期，并且在规定的日期进行消毒。例如，每周1次带猪消毒，安排在每周三下午；周围环境每月消毒1次，安排在每月初的某一晴天。

（2）生产工具消毒　食槽、水槽（饮水器）、笼具、注射器、针头等使用前必须消毒，每用1次必须消毒1次。

（3）人员、车辆消毒　任何人、任何车辆任何时候进入生产区均应经严格消毒。

（4）猪只转栏前对栏舍的消毒　转栏前对准备转入猪只的栏舍彻底清洗、消毒。

（5）术部消毒　猪只手术局部必须消毒，注射部位、手术部位应该消毒。

（二）按消毒程度分

1. 高水平消毒

杀灭一切细菌繁殖体包括分枝杆菌、病毒、真菌及其孢子和绝大多数细菌芽孢。达到高水平消毒常用的方法包括采用含氯制剂、二氧化氯、邻苯二甲醛、过氧乙酸、过氧化氢、臭氧、碘酊等以及能达到灭菌效果的化学消毒剂在规定的条件下，以合适的浓度和有效的作用时间进行消毒的方法。

2. 中水平消毒

杀灭除细菌芽孢以外的各种病原微生物包括分枝杆菌。达到中水平消毒常用的方法包括采用碘类消毒剂（碘伏、氯己定碘等）、醇类和氯己定碘的复方、醇类和季铵盐类化合物的复方、酚类等消毒剂，在规定条件下，以合适的浓度和有效的作用时间进行消毒的方法。

3. 低水平消毒

能杀灭细菌繁殖体（分枝杆菌除外）和亲脂类病毒的化学消毒方法以及通风换气、冲洗等机械除菌法。如采用季铵盐类消毒剂（苯扎溴铵等）、双胍类消毒剂（氯己定）等，在规定的条件下，以合适的浓度和有效的作用时间进行消毒的方法。

二、养猪生产中相关的消毒方法

（一）清洁法

消毒前，彻底的清洁工作很重要。

潮湿肮脏的地面，有机物的存在加大了猪场消毒的难度；猪舍顶部结满蜘蛛网，给细菌、病毒的繁殖提供条件。

生锈的猪舍、肮脏的母猪，很容易感染细菌，不仅对母猪的健康有影响，同时威胁到仔猪的健康。

许多养猪场只是空栏清扫后用清水简单冲洗，就开始消毒，这种方法不可取。经过简单冲洗的消毒现场或多或少存在血液、胎衣、羊水、体表脱落物、动物分泌物和排泄物中的油脂等，这些有机物会对微生物具有机械性的保护作用，因而影响杀菌效果。另外，一些清洁不彻底的角落藏匿着大量病原微生物，这种情况下消毒药是难以渗透其中发挥作用的。用机械的方法如清扫、洗刷、通风等清除病原体，是最普通、常用的方法。如畜舍地面的清扫和洗刷、畜体被毛的刷洗等，可以使畜舍内的粪便、垫草、饲料残渣清除干净，并将家畜体表的污物去掉。随着这些污物的消除，大量病原体也被清除，随后的化学消毒剂对病原体能发挥更好的杀灭作用。

日常清洁是保证消毒效果的重要条件，因此如何在猪群日常管理工作中，做好猪舍日常清洁工作，方法尤为重要，笔者认为具体如下。

1. 一般清洁（小清洁）

（1）清除杂草　场区的杂草丛生地方，是鼠和蚊蝇的藏身之地，鼠和蚊蝇都是疾病的传播者。例如：乙脑的主要传播者就是蚊子。附红细胞体的一部分传播者是鼠和蚊蝇。因此，彻底清理生产场区的杂草，对养殖场防病起到了积极的作用，杜绝蚊蝇和鼠害。

（2）清理垃圾和杂物　垃圾和杂物的堆积也是有利于蚊蝇和鼠害存在。一些猪场建筑完工后不及时清理杂物；或平时的垃圾及杂物堆积如山，从而给蚊和老鼠提供了生长繁殖的有利条件。

因此，每天要定时打扫清理圈舍垃圾、栏内粪便、尿液等，猪粪定点堆放、尿液进入污水收集池。每月清理圈舍外环境。使用过的药盒、疫苗瓶、一次性输精瓶等物品应立即进行掩埋或焚烧无害化处理。

（3）批次冲洗　按照养殖进度，产房每断奶一批、保育舍每转栏一批、育肥舍每出栏一批，都必须按照"彻底冲洗（包括顶棚、门窗、走廊等平时不易打扫的地方）→对猪舍场地进行喷雾或喷洒消毒→熏蒸"的程序进行批次冲洗。

2. 圈舍彻底清洁（大清洁）

① 清洁前，舍内应无猪、无饲料、无推车、无加热设备等，防止漏电。

② 使用高压水枪将粪尿、污泥、料槽内残留饲料进行彻底冲掉。

③ 设备表面、猪栏、地面可用肥皂或洗衣服等去污剂先喷洒或预浸泡→用含有一定浓度、价格便宜的冲洗水进行彻底清洁→熏蒸消毒→做好消毒记录。

（二）通风换气法

猪舍通风换气的目的有两个：一是在气温高的情况下，通过加大气流使猪感到舒适，以缓和高温对猪的不良影响；二是猪舍封闭的情况下，引进舍外新鲜空气，排出舍内污浊空气和湿气，以改善猪舍的空气环境，并减少猪舍内空气的微生物数量。通风分为自然通风和机械通风两种。自然通风不需要专门设备，不需动力、能源，而且管理简便，所以在实际生产中，开放舍和半开放舍以自然通风为主，在夏季炎热时辅以机械通风。在密闭猪舍中，以机械通风为主。

生猪在生长、发育、繁殖等各种生命活动中，都需要消耗能量。生猪是依赖摄入糖、脂类和蛋白质的氧化而获得能量的，而氧是新陈代谢的关键物质。因此，良好的通风是保证氧气供给，进而满足生猪生长、发育、繁殖等各种生命活动的需要。生猪在各种生命活动中会排出大量排泄物，其中含有大量的氨气、二氧化碳、硫化氢。这些有害气体在猪舍内蓄积会对生猪健康产生不同程度地影响，如在低浓度氨的长期作用下，猪体质变弱，采食量、日增重、生殖能力都会下降；较高浓度氨能刺激黏膜，引起黏膜充血、喉头水肿、支气管炎，严重时引起肺水肿、出血；氨还能引起中枢神经系统麻痹，中毒性肝病等。通风是改善猪舍内空气质量的有效措施。

另外，猪场发生传染病后，良好的通风可以迅速降低猪舍内外病原微生物数量，不仅可以防止其他猪群发病，而且可能会使其他猪群获得一定的特异免疫力。

1. 创造良好的通风环境

（1）合理选择场址　理想的猪场场址应背靠西北山，这样既可以防止冬季冷风对猪舍的不良影响，夏季还可充分利用东南风。若在空旷地带建猪场，虽通风理想，但冬季保温难度大。另外，选址时尽量选择南北长、东西短的地形，这样猪场通风效果会更佳。

（2）科学进行猪舍布局　理想的猪舍排列方向应该为东西走向，即猪舍长轴为东西向，这样既有利于猪舍采光，又能保证猪场内通风畅通无阻。猪舍的横向间距应大于 10 米，纵向间距应在 5 米以上；连体猪舍应将东西走向的猪舍横面（即南、北墙）连在一起，各个连体之间距离应大一些，保持在 30~50 米。

（3）搞好绿化　绿化可以防止阳光直射，降低舍外温度，增加舍内外温差，但绿化时除隔离带外，猪场栽植树木不宜过密，宜种植大量草坪，栽植少量较矮树木，否则易阻挡风力，影响整个猪场通风。紧靠猪舍可以栽植泡桐等高大阔叶树木，其顶端会对猪舍形成良好遮阴，下端则保证良好的通风。

2. 采用利于通风的设施设备

（1）猪床和猪栏　漏风猪床通风条件比较好，如果再辅以猪床下通风口和天窗，可以产生良好的通风效果。钢管猪栏非常有利于猪床水平通风，而实地面和砖砌猪栏则不利于通风，应避免在实地面上建造砖砌猪栏。

（2）完善通风设施　通风设施主要包括排气孔、窗和换气扇。理想的猪舍应该有 3 层空气流动通道，只有这样才能形成全方位通风。第一层是地面通风口，对排出长期滞留在地面的二氧化碳等有害气体至关重要；第二层是窗户，既是采光通道，又是通风主要通道；第三层是天窗，对排出氨气等有害气体至关重要。换气扇是实行强制通风的常用设施，不管采用正压或负压通风方式，在安装时换气扇的风力方向应与暖季主风向一致。对于传统实地面猪床，笔者建议应在靠近地面的位置加装排气扇，以加速二氧化碳等有害气体和湿气的排放。

（3）供暖和降温设施　冬季通风易造成猪舍内温度下降，因此，要保证冬季合理通风，必须配备热风炉、地热管、热水散热片、电地暖等供暖设施，以保持猪舍内温度的稳定；夏季为了提高通风降温效果，可以配备水帘等降温设施。

3. 实行合理的通风模式

通风模式主要包括 3 种：一是自然通风，通过门、窗等自然通风口进行空气和热量交换，主要适应于猪舍面积小、存栏密度低和生猪日龄小的猪舍，是冬、春气温较低季节常用的通风模式；二是强制通风，借助风机通过正压或负压作用进行空气和热量交换，主要适应于猪舍面积大、存栏密度高和生猪日龄大的猪舍，是一年四季通风常用模式；三是降温水帘+强制通风，通过负压通风交换空气和促使水分蒸发带走大量热量，从而达到降温作用，主要适应于猪舍面积大、存栏密度高和生猪日龄大的猪舍，是夏季通风降温的较好模式。

4. 统筹兼顾，规范操作

一到冬季，猪舍的通风、保温就非常矛盾，通风不足，舍内空气质量达不到要求；通风过度，舍内温度过低。因此，在进行通风时，首要完善供暖设施，保证暖气供应，最好配备气体测定仪和温度计，根据测定结果进行调整，既要保证有害气体低于临界值（猪舍内氨浓度应控制在 0.003% 以内，二氧化碳浓度不应超过 0.15%，硫化氢浓度不应超过 0.001%），又要保证猪舍温度尽量达到适宜温度。一般哺乳仔猪舍的适宜温度为 28~35℃，保育仔猪舍适宜温度为 22~28℃，其他猪舍适宜温度为 16~22℃。

（三）辐射消毒法

辐射消毒主要分为两类：一类是紫外线消毒，另一类是电离辐射消毒。

1. 紫外线辐射消毒

紫外线能量较低，不能引起被照射物体原子的电离，仅产生激发作用。紫外线照射使微生物诱变和致死的主要作用是引起核酸组成中胸腺嘧啶（T）发生化学转化作用。紫外线作用 DNA 的胸腺嘧啶与相邻链止的一条 DNA 链上的胸腺嘧啶化学链相结合形成二聚体，这种二聚体成为一种特殊的连接，从而使微生物 DNA 失去应有的活性（转录、转译）功能，导致微生物的死亡。关于紫外线对微生物 RNA 的作用，可能甚对 RNA 产生水化作用和引起尿嘧啶（U）的二聚体，使 RNA 灭活。值得注意的是，经紫外线照射后，引起微生物 DNA 和 RNA 变性，可在可见光线照射下，修复或复性而恢复正常结构。因此，紫外线消毒具有可逆性。另外，不同类别的微生物对紫外线的抗力不同，其中细菌芽孢对紫外线抗力最强，支原体、革兰氏阴性菌对紫外线抗力最弱，基本次序为：芽孢＞革兰氏阳性菌＞革兰氏阴性菌。其主要应用于对空气、水及污染表面的消毒。

2. 电离辐射灭菌

利用 Υ 射线、伦琴射线或电子辐射能穿透物品，杀死其中微生物的一种低温灭菌方法称为电离辐射灭菌。目前，在养猪业中主要用于饲料的消毒。

（四）热力消毒技术

1. 热力消毒的机理

热杀灭微生物的基本机制是通过破坏微生物蛋白质、核酸的活性导致微生物的死亡。蛋白质是各种微生物的重要组成成分，构成微生物的结构蛋白和功能蛋白。结构蛋白主要包括构成微生物细胞壁、细胞膜和细胞浆内含物等。功能蛋白构成细菌的酶类。干热和湿热对细菌蛋白质的破坏机制是不同的。湿热是通过使蛋白质分子运动加速，互相撞击，致使肽链连接的副键断裂，使其分子由有规律的紧密结构变为无秩序的散漫结构，大量的疏水基暴露于分子表面，并互相结合成为较大的聚合体而凝固、沉淀。干热灭菌主要通过热对细菌细胞蛋白质的氧化作用，并不是蛋白质的凝固。因为干燥的蛋白质加热到100℃也不会凝固。细菌在高温下死亡加速是由于氧化速率增加的缘故。无论是干热还是湿热对细菌和病毒的核酸均有破坏作用。加热能使RNA单链的磷酸二酯键断裂；而单股DNA的灭活是通过脱嘌呤。实验证明，单股RNA的敏感性高于单股的DNA对热的敏感性。但都随温度的升高而升高。

2. 热力消毒的分类

热力消毒的方法主要分为两类：干热和湿热消毒。由于微生物的种类、含水量及环境水分的不同，所以两种消毒方法所需要的温度和时间也不尽相同。

（1）干热消毒 主要包括焚烧、烧灼、干烤及红外线4种方法。

① 焚烧。主要是对病猪尸体、垃圾、污染的杂草、地面和不可利用的物品采用的消毒方法。

② 烧灼。是指直接用火焰灭菌，主要适用与猪栏、地面、墙壁及一些兽医用品的消毒。

③ 红外线消毒。是通过红外线的热效应来起到消毒的效果，但现在应用有一定的局限。

④ 干烤。本方法是在特定的于烤箱内进行的，适用于在高温条件下不损坏、不变质、不蒸发的物品的消毒，如玻璃制品金属制品、陶瓷制品等。不适用对纤维织物、塑料制品的灭菌。

（2）湿热消毒

① 煮沸消毒。是使用最早的消毒方法之一，方法简单、方便、安全、经济、实用、效果比较可靠。适用于养猪场检验室器材及兽医室医疗用品的消毒。

② 流通蒸汽消毒。又称为常压蒸汽消毒。是在101.325千帕（1个大气压）下，用100℃的水蒸气进行消毒，常用于一些不耐高温的物品消毒；通过间歇灭菌法可以杀灭芽孢。

③ 巴氏消毒法。在猪场应用较少，主要用于血清、疫苗的消毒。

④ 低温蒸汽消毒法。主要用于对一些怕高温的物品及房屋的消毒。

⑤ 高压蒸汽灭菌。具有灭菌速度快、效果可靠、温度高、穿透

力强等特点，是目前猪场兽医室最常用的一种消毒灭菌方法。

（五）生物消毒法

利用某种生物来杀灭或清除病原微生物的方法称为生物消毒法。在养猪业中常用的有地面泥封发酵消毒法和坑式堆肥发酵法等。

1. 地面泥封发酵消毒法

堆肥地点应选择在距离畜舍、水池、水井较远处。挖一宽 3 米，两侧深 25 厘米向中央稍倾斜的浅坑，坑的长度据粪便的多少而定。坑底用黏土夯实。用小树枝条或小圆棍横架于中央沟上，以利于空气流通。沟的两端冬天关闭，夏天打开。在坑底铺一层 30~40 厘米的干草或非传染病的畜禽粪便，将要消毒的粪便堆积于其上。粪便堆放时要疏松，掺 10% 马粪或稻草。干粪需加水浸湿，冬天应加热水。粪堆高 1.2 米。粪堆好后，在粪堆的表面覆盖一层厚 10 厘米的稻草或杂草，然后再在草外面封盖一层 10 厘米厚的泥土。这样堆放 1~3个月后即达消毒目的。

2. 坑式堆肥发酵法

在适当的场所设粪便堆放坑池若干个，坑池的数量和大小视粪便的多少而定。坑池的内壁最好用水泥或坚实的黏土筑成。堆粪之前，在坑底垫一层稻草或其他秸秆，然后堆放待消毒的粪便，上方再堆一层稻草等或健畜粪便，堆好后表面加盖或加约 10 厘米厚的土或草泥。粪便堆放发酵 1~3 个月即达目的。堆粪时，若粪便过于干燥，应加水浇湿，以便其迅速发酵。另外，在生产沼气的地方，可把堆放发酵与生产沼气结合在一起。值得注意的是，生物发酵消毒法不能杀灭芽孢。因此，若粪便中含有炭疽、气肿疽等芽孢杆菌时，则应焚毁或加有效化学药品处理。坑式堆肥发酵法注意事项为：堆肥坑内不能只放粪便，还应放垫草、稻草等，以保证堆肥中有足够的有机质作为微生物活动的物质基础；堆肥应疏松，切忌夯压，以保证堆内有足够的空气；堆肥的干湿度要适当，含水量应为 50%~70%；堆肥时间要足够，须等腐熟后方可施用，在夏季需 1 月左右，冬季需 2~3 个月方可腐熟。

（六）化学消毒法

使用化学药品（或消毒剂）进行的消毒称为化学消毒法。化学消毒法主要应用于养猪场内外环境中，栏舍、器皿等各种物品表面及饮水消毒。

三、猪场不同消毒对象的消毒

(一) 猪群卫生

① 每天及时打扫圈舍卫生，清理生产垃圾，保持舍内外卫生干净整洁，所用物品摆放有序。

② 每天必须进圈内打扫清理猪的粪便，尽量做到猪、粪分离，若是干清粪的猪舍，每天上、下午及时将猪粪清理出来堆积到指定地方；若是水冲粪的猪舍，每天上、下午及时将猪粪打扫到地沟里以清水冲走，保持猪体、圈舍干净。

③ 每周转运一批猪，空圈后要清洗、消毒，种猪上床或调圈，要把空圈先冲洗后用广谱消毒药消毒，产房每断奶 1 批、育成每育肥 1 批、育肥每出栏 1 批，先清扫，再用火碱雾化 1 小时后冲洗、消毒、熏蒸、消毒。

④ 注意通风换气，冬季做到保温，舍内空气良好，冬季可用风机通风 5~10 分钟（各段根据具体情况通风）。夏季通风防暑降温，排出有害气体。

⑤ 生产垃圾，即使用过的药盒、瓶、疫苗瓶、消毒瓶、一次性输精瓶用后立即焚烧或妥善放在一处，适时统一销毁处理。料袋能利用的返回饲料厂，不能利用的焚烧掉。

⑥ 舍内的整体环境卫生包括顶棚、门窗、走廊等平时不易打扫的地方，每次空舍后彻底打扫 1 次，不能空舍的每 1 个月或每季度彻底打扫 1 次。舍外环境卫生每 1 个月清理 1 次。猪场道路和环境要保持清洁卫生，保持料槽、水槽、用具干净，地面清洁。

(二) 空舍消毒

1. 消毒程序

① 首先要将猪舍内的地面、墙壁、门窗、天棚、通道、下水道、排粪污沟、猪圈、猪栏、饮水器、水箱、水管、用具等彻底清理打扫干净，再用水浸润，然后用高压水枪反复冲洗。

② 干燥后用消毒药液洗刷消毒 1 次。

③ 第 2 天再用高压水枪冲洗 1 次。

④ 干燥后再用消毒药液喷雾消毒 1 次。

⑤ 如为空舍，最后用福尔马林熏蒸消毒 1 次，空舍 3 天后可进猪。熏蒸消毒每立方米空间用福尔马林溶液 25 毫升，高锰酸钾 12.5 克，水 12.5 毫升，计算好用量后先将水和福尔马林混合（分点放药）于容器中，然后加入高锰酸钾，并用木棍搅拌一下，几秒钟后即可见浅蓝色刺激眼鼻的气体蒸发出来。室内温度应保持在 22~27℃，关闭门窗 24 小时，然后开门窗通风。

不能实施全进全出的猪舍，可在打扫、清理干净后，用水冲洗，再进行带猪消毒，每周进行 1 次，发生疫情时每天 2 次。

⑥ 转群后舍内消毒。产房、保育舍、育肥舍等每批猪调出后，要求猪舍内的猪只必须全部出清，一头不留，对猪舍进行彻底的消毒。可选用过氧乙酸（1%）、氢氧化钠（2%）、次氯酸钠（5%）等。消毒后需空栏 5~7 天才能进猪。消毒程序为：彻底清扫猪舍内外的粪便、污物、疏通沟渠→取出舍内可移动的部件（饲槽、垫板、电热板、保温箱、料车、粪车等），洗净、凉干或置阳光下暴晒→舍内的地面、走道、墙壁等处用自来水或高压泵冲洗，栏栅、笼具进行洗刷和抹擦→闲置 1 天→自然干燥后才能喷雾消毒（用高压喷雾器），消毒剂的用量为 1 升/米²→要求喷雾均匀，不留死角→最后用清水清洗消毒机器，以防腐蚀机器。

⑦ 猪舍周围洼地要填平，铲除杂草和垃圾，消灭鼠类、杀灭蚊蝇、驱赶鸟类等，每半月清扫 1 次，每月用 5%来苏儿溶液喷雾消毒 1 次。

⑧ 工作服、鞋、帽、工具、用具要定期消毒；医疗器械、注射器等煮沸消毒，每用 1 次消毒 1 次。

2. 消毒注意要点

① 详细阅读药物使用说明书，正确使用消毒剂。按照消毒药物使用说明书的规定与要求配制消毒溶液，配比要准确，不可任意加大或降低药物浓度，根据每种消毒剂的性能决定其使用对象和使用方法，如在酸性环境和碱性环境下应分别使用氯化物类和醛类消毒剂，才可达到良好的消毒效果。当发生病毒及芽孢性疫病时，最好使用碘

类或氯化物类消毒剂，而不用季铵盐类消毒剂。

②不要随意将两种不同的消毒剂混合使用或同时消毒同一物品。因为两种不同的消毒剂合用时常因物理或化学的配合禁忌导致药物失效。

③严格按照消毒操作规程进行，事后要认真检查，确保消毒效果。

④消毒剂要定期更换，不要长时间使用一种消毒剂消毒一种对象，以免病原体产生耐药性，影响消毒效果。

⑤消毒药液应现用现配，尽可能在规定的时间内用完，配制好的消毒药液放置时间过长，会使药液有效浓度降低或完全失效。

⑥消毒操作人员要做好自我保护，如穿戴手套、胶靴等防护用品，以免消毒药液刺激手、皮肤、黏膜和眼等。同时也要注意消毒药液对猪群的伤害及对金属等物品的腐蚀作用。

（三）带猪消毒

1. 消毒前应彻底消除圈舍内猪只的分泌物及排泄物

（1）分泌物及排泄物中含有大量的病原微生物　临床患病猪只的分泌物及排泄物中含有大量的病原微生物（细菌、病毒、寄生虫虫卵等），即使临床健康的猪只的分泌物及排泄物中也存在大量的条件致病菌（如大肠杆菌等）。消毒前经过彻底清扫，可以大量减少猪舍环境中病原微生物的数量。

（2）粪便中有机物的存在可影响消毒的效果　一方面，粪便中的有机物可掩盖细菌，对病原起着保护作用；另一方面，粪便中的蛋白质与消毒药结合起反应，消耗了药量，使消毒效力降低。

2. 选择合适的消毒剂

选择消毒药时，不但要符合广谱、高效、稳定性好的特点，而且必须选择对猪只无刺激性或刺激性小、毒性低的药物。强酸、强碱及甲醛等刺激性腐蚀性强的药物，虽然对病原菌作用强烈、消毒效果好，但对猪只有害，不适宜作为带猪消毒的消毒剂。建议选用1%新洁尔灭、1%过氧乙酸、二氯异氰尿酸钠等药物，效果比较理想。

3. 配制适宜的药物浓度和足够的溶液量

（1）适宜的浓度　消毒液的浓度过低达不到消毒的效果，徒劳无功；浓度过大不但造成药物的浪费，而且对猪只刺激性、毒性增强引起猪只的不适。必须根据使用说明书的要求，配制适宜的浓度。

（2）足够的溶液量 带猪消毒应使猪舍内物品及猪只等消毒对象达到完全湿润，否则消毒药粒子就不能与细菌或病毒等病原微生物直接接触而发挥作用。

4. 消毒的时间和频率

（1）消毒的时间 带猪消毒的时间应选择在每天中午气温较高时进行较好。冬春季节，由于气温较低，为了减缓消毒所致舍温下降对猪只的冷应激，要选择在中午或中午前后进行消毒。夏秋季节，中午气温较高，舍内带猪消毒在防疫疾病的同时兼有降温的作用，选择中午或中午前后进行消毒也是科学的。况且，温度与消毒的效果呈正相关，应选择在一天中温度较高的时间段进行消毒工作。

（2）消毒的频率 一般情况下，舍内带猪消毒以 1 周 1 次为宜。在疫病流行期间或养猪场存在疫病流行的威胁时，应增加消毒次数，达到每周 2~3 次或隔日 1 次。

5. 雾化要好

喷药物，要保证雾滴小到气雾剂的水平，使雾滴在舍内空气中悬浮时间较长，既节省了药物，又净化了舍内的空气质量，增强灭菌效果。

带猪消毒不但杀灭或减少猪只生存环境中病原微生物，而且净化了猪舍内的空气质量，夏季兼有降温作用，控制疫病发生流行的最重要手段，养猪场有关人员应认真遵循上述 5 项原则，做好养猪场的带猪消毒工作。

6. 冬季带猪消毒

在寒冷季节，门窗紧闭，猪群密集，舍内空气严重污染的情况下进行的消毒，要求消毒剂不仅能杀菌，还有除臭、降尘、净化空气的作用。采用喷雾消毒，消毒剂用量 0.5 升/米^3，可选用 1%过氧乙酸、1%新洁尔灭等。消毒程序为：准备好消毒喷雾器→测量所要消毒的猪舍体积而计算消毒液的用量→根据消毒桶/罐中加水的重量/体积、消毒液浓度、消毒剂的含量，计算消毒剂的用量，加入、混匀→细雾喷洒从猪舍顶端，自上而下喷洒均匀→最后用清水清洗消毒机器，以防腐蚀机器。

（四）饮水消毒

当猪场处于农村或远郊而无统一的自来水供应时，需要对猪场的饮水进行必要的净化和消毒。若猪场所用的水源为地面水，一般都比较浑浊，细菌含量较多，必须采用普通净化法和消毒法来改善水质；若水源为地下水，则一般都较为清洁，只需进行必要的消毒处理。有时，水源水质较为特殊，还需采用特殊的处理方法（如除铁、除氟、除臭、软化等）。

1. 混凝沉淀

当水体静止或水流缓慢时，水中的悬浮物可借本身重力逐渐向水底下沉，从而使水澄清，此即自然沉淀。但水中较细的悬浮物及胶质微粒因带有负电荷，彼此相斥，不易凝集沉降，因而必须加入明矾、硫酸铝和铁盐（如硫酸亚铁、三氯化铁等）等混凝剂，使水中极小的悬浮物及胶质微粒凝聚成絮状物而加快沉降，这就是混凝沉淀。采用混凝沉淀的方法，可以使水中的悬浮物减少70%～95%，除菌效果可达90%左右。在实际中，混凝沉淀的效果受水温、pH、浑浊度、混凝剂的用量以及混凝沉淀的时间等因素的影响。混凝剂的用量可通过混凝沉淀试验来进行确定，普通河水用明矾沉淀时，其用量为40～60毫克/升。对于浑浊度低或水温较低时，往往不易混凝沉淀，此时可投加助凝剂（如硅酸钠等）以促进混凝。

2. 砂滤

砂滤是将浑浊的水通过砂层，使水中的悬浮物、微生物等阻留在砂层上部，从而使水得到净化。砂滤的基本原理是阻隔、沉淀和吸附作用。滤水的效果决定于滤池的构造、滤料粒径的适当组合、滤层的厚度、滤过的速度、水的浑浊程度和滤池的管理情况等。

集中式给水的过滤一般可分为慢砂滤池和快砂滤池两种。目前大部分自来水厂采用快砂滤池，而简易的自来水厂多采用慢砂滤池。分散式给水的过滤，可在河边或湖边挖渗水井，使水经过地层自然滤过，从而改善水质。如能在水源和渗水井之间挖一砂滤沟，或建筑水边砂滤井，则可更好地改善水质。此外，也可采用砂滤缸或砂滤桶来进行滤过。

3. 消毒

通过砂滤和混凝沉淀处理后的水，细菌含量已大大减少，但还可能存在少量的病原菌。为了确保饮水安全，必须再经过消毒处理。

疾病传播的很重要途径是饮水，较多猪场的饮水中大肠杆菌、霉菌、病毒往往超标。也有较多场在饮水中加入了维生素、抗生素粉制剂，这些维生素和抗生素会造成管道水线堵塞和生物膜大量形成，影响饮水卫生。因此，消毒剂的选择很重要，有很多消毒药说明书上宣称能用于饮水消毒，但不能盲目使用，应选择对猪肠道有益且能杀灭生物膜内所有病原的消毒药作为饮水消毒药。

饮水消毒的方法很多，如氯化法、煮沸法、紫外线照射法、臭氧法、超声波法、高锰酸钾法等。目前最常用的方法是氯化消毒法，该法杀菌力强、设备简单、费用低、使用方便。加氯消毒的效果与水的pH、浑浊度、水温、加氯剂量及接触时间、余氯的性质及量等有关。当水温为20℃，pH值为7左右时，氯与水接触30分钟，水中剩余的游离氯（次氯酸或次氯酸跟）大于0.3毫克/升，才能完全杀灭水中的病菌。当水温较低、pH较高、氯与水的接触时间较短时，则需要保留水中具有更高的余氯才能保证消毒效果，因而应加入更多的氯。也就是说，消毒剂的用量，除满足在接触时间内与水中各种物质作用所需要的有效氯量外，还应使水在消毒后有适量的剩余氯，以保证其持续的杀菌能力。

氯化消毒用的药剂有液态氯和漂白粉两种。集中式给水的加氯消毒主要用液态氯，小型水厂和一般分散式给水则多用漂白粉消毒。其中，漂白粉的杀菌能力取决于其所含的有效氯。新制漂白粉一般含有效氯25%~35%，但漂白粉易受空气中二氧化碳、水分、光线和高温等的影响而发生分解，使有效氯的含量不断减少。因此，须将漂白粉装在密闭的棕色瓶内，放在低温、干燥、阴暗处，病在使用前检查其中有效氯的含量。如果有效氯含量低于15%，则不适于作饮水消毒用。此外，还有漂白粉精片，其有效氯含量高且稳定，使用较为方便。

需要注意的是，饮水消毒，慎防中毒。饮水消毒是把饮水中的微生物杀灭，猪喝的是经过消毒的水，而不是消毒药水。任意加大饮水消毒药物浓度可引起急性中毒、杀死或抑制肠道内的正常菌群，对猪的健康造成危害。在临床上常见的饮水消毒剂多为氯制剂、季铵盐类和碘制剂，中毒原因往往是浓度过高或使用时间过长。中毒后多见胃肠道炎症并积有黏液、腹泻，以及不同程度的死亡。

（五）猪舍内空气的消毒

空气中缺乏微生物所需的营养物质，特别是经过风吹、日晒、干燥等自然净化作用，不利于微生物的生存。因此，微生物在空气中不能进行生长繁殖，只能以悬浮状态存在。但是空气中确实有一定数量的微生物存在，主要来源于土壤中的微生物随着尘土的飞扬进入空气中；人、猪的排泄物、分泌物排出体外，干燥后其中微生物也随之飞扬到空气中。特别是人、猪呼吸道、口腔的微生物随着呼吸、咳嗽、喷嚏形成的气溶胶悬浮于空气中，若不采取相应的消毒措施，极易引起某些传染病，特别是经呼吸道传播的传染病的流行。因此，空气消毒的重点是猪舍。

一般猪舍内被污染的空气中微生物数量每立方米可达 10^6 个以上，特别是在添加粗饲料、更换垫料、出栏、打扫卫生时，空气中微生物会大量增加。因此，必须对猪舍内空气进行消毒。空气消毒最简便的方法是通风，这是减少空气中细菌数量极为有效的方法；其次是利用紫外线杀菌或甲醛气体熏蒸等化学药物进行消毒。

（六）车辆消毒

在猪场大门口应该设置消毒池和消毒通道，消毒池的长度为进出车辆车轮 2 个周长以上，消毒池上方最好建顶棚，防止日晒雨淋和污泥浊水入内，并设置喷雾消毒装置。消毒池内的消毒液 2~3 天彻底更换一次，所用的消毒剂要求作用较持久、较稳定，可选用 2%~3% 氢氧化钠、1% 过氧乙酸、5% 来苏尔等。程序为：消毒池加入 20 厘米深的清洁水→测量水的重量/体积→计算（根据水的重量/体积、消毒液的浓度、消毒剂的含量，计算出所需消毒剂的用量）→添加、混匀。

所有进入养殖场（非生产区或生产区）的车辆（包括客车、饲料运输车、装猪车等）消毒可分为危险车辆和一般车辆。危险车辆为搬运猪和饲料的车辆、经常出入养猪场的车辆等（如来自其他养猪场的、饲料兽药销售服务车)。一般车辆为与猪无接触机会的访客车辆。原则上车辆尽可能停放在生物安全区的周围之外，严格控制车辆特别是危险车辆进入猪场，只有必要的车辆才能进入猪场。

1. 危险车辆的消毒

车轮喷洒消毒、车辆整体消毒、停车处的消毒。

（1）干洗，除去有机物 自车辆内部及外部除去有机物的步骤很有必要，因为粪便及垃圾中含有大量的污染，且为传播疾病的主要来源。使用刷子、铲子、耙或机械式刮刀，除去下列区域中的有机物。

特别注意要清除沉积于车辆底部的有机物质。使用坚硬的刷子（必要时，使用压力冲洗器）清扫，确定车轮、轮箍、轮框、挡泥板及无遮蔽的车身无任何淤泥及稻草等污物残留。

（2）清洁 虽然除去了污染的垫料及垃圾，但是仍然有大量感染源残留。使用清洁剂进行喷洒，确保油污不会残留于表面。

（3）消毒 虽然经过了清洁的步骤，但是致病微生物（尤其是病毒）的数量仍然很高，足以引起疾病。因此需使用广谱消毒剂来有效对抗细菌、酵母菌、霉菌及其他病原菌。

车辆外部，由车顶开始，然后依序往车厢四边消毒。需特别注意车辆的车框、车箍、挡泥板及底部的消毒。

车辆内部，由车厢顶开始往下消毒，需彻底消毒车厢顶部、内壁、分隔板及地面。需特别注意上下货斜坡、货物升降架及栅门的消毒。

确定车辆腹侧置物箱中所有已清洗的设备，例如铲子、刷子等皆已喷洒过易净或金福溶液或浸泡易净或金福溶液中。

归还消毒设备前，要先消毒腹侧置物箱内部的所有表面。

2. 一般车辆的消毒

进出猪场的运输车辆，必须经过门口设置的消毒池或消毒通道。采用的消毒剂应对猪无刺激性、无不良影响，可选用0.5%过氧化氢溶液、1%过氧乙酸、二氯异氰尿酸钠等。任何车辆不得进入生产区。消毒程序为：准备好消毒喷雾器→根据消毒桶/罐中加水的重量/体积、消毒液浓度、消毒剂的含量，计算消毒剂的用量，加入、混匀→

喷洒从车头顶端、车窗、门、车厢内外、车轮至上而下喷洒均匀→用清水清洗消毒机器，以防腐蚀机器→3~5分钟后方可准许车辆进场。

（七）生产区消毒

员工和访客进入生产区必须要更衣、消毒、沐浴，或更换一次性的工作服，换胶鞋后通过脚踏消毒池（消毒桶）才能进入生产区。

1. 更衣沐浴

喷雾消毒室，可用戊二醛1∶1 200稀释，每天适量添加，每周更换1次，1~2月互换1次。

2. 脚踏消毒池（消毒桶）

工作人员应穿上生产区的胶鞋或其他专用鞋，通过脚踏消毒池（消毒桶）进入生产区。可用百毒杀1∶300稀释，每天适量添加，每周更换1次，两种消毒剂1~2月互换1次。

（八）进出人员消毒

1. 人员消毒

严格控制参观者，对进入猪场参观员必须进行严格监控。

① 进入猪场生产区的人员必须更换本场消毒过的专用衣服和鞋，衣物用紫外线照射18小时以上。

猪场进出口除了设有消毒池消毒鞋靴外，还需进行洗手消毒。既要注重外来人员的消毒，更要注重本场人员的消毒。采用的消毒剂对人的皮肤无刺激性、无异味，可选用0.5%过氧乙酸溶液、0.5%新洁尔灭（季铵盐类消毒剂）。消毒程序为：设立两个洗手盆A＼＼B→加入清洁水→盆A：根据水的重量/体积计算需加消毒剂的用量→进场人员双手先在A盆浸泡3~5分钟→在盛有清水的B盆洗尽→毛巾擦干即可。

② 进入饲养场的所有人员必须进行喷雾消毒，消毒剂为0.5%过氧乙酸溶液，喷雾时间不得少于60秒，雾化消毒剂不得大于15微米。所有人员手部消毒必须0.5%过氧乙酸或0.5%新洁尔灭溶液进行洗手消毒；洗手后不需要使用清水洗手部，只需要让其自然干燥即可。

③ 进入猪场生产区的人员必须过消毒池。

④ 进入猪舍的人员必须经过消毒池。足履消毒池：在养殖场的

出入口及养殖场内每座建筑和房间的出入口处都设置足履消毒池。要保证每周更新消毒液，如果水靴被泥土或粪便严重污染，请在进入足履消毒池前使用刷子清洁水靴。

2. 人员消毒管理

① 饲养管理人员应经常保持自身卫生、身体健康，定期进行常见的人畜共患病检疫，同时应根据需要进行免疫接种，如卡介苗、狂犬病疫苗等。如发现患有危害畜禽及人的传染病者，应及时调离，以防传染。

② 饲养人员除工作需要外，一律不准在不同区域或栋之间相互走动，工具不得互相借用。

③ 任何人不准带饭，更不能将生肉及含肉制品的食物带入场内。场内职工和食堂均不得从市场购肉，吃肉问题由场宰杀健康猪供给。

④ 所有进入生产区的人员，必须坚持"三踩一更"的消毒制度。即场区门前踩3%的火碱池、更衣室更衣、消毒液洗手，生产区门前及猪舍门前消毒池或盆消毒后方可入内。条件具备时间，要先淋浴、更衣，再消毒进入生产区。

⑤ 场区禁止参观，严格控制非生产人员进入生产区，若生产或业务必需时间，经过兽医同意后更换工作衣、鞋帽后，经过消毒方可进入，严禁外来车辆进入场区，若必须进入时间，车辆必须经过严格消毒方可进入。在生产区内使用的车辆、用具，一律不得外出。

⑥ 生产区不准养猫、养狗，职工不得将宠物带入场内，不准在兽医诊疗室以外的地方解剖尸体。

⑦ 建立严格的兽医卫生防疫制度，猪场生产区和生活区分开，入口处设消毒池，设置专门的隔离室和兽医室，做好发病时病猪的隔离、检疫和治疗工作，控制疫病范围，做好病后的消毒净群等工作。

⑧ 当某种疾病在本地区或本场流行时，要及时采取相应的防制措施，并要按规定上报主管部门，采取隔离、封锁措施。

⑨ 坚持自繁自养的原则。若确实需要引种，必须隔离45天，确认无病，并接种疫苗后方可调入生产区。

⑩ 长年定期灭鼠，及时消灭蚊蝇，以防疾病传播。

⑪ 对于死亡猪的检查，包括剖检等工作，必须在兽医诊疗室内

进行，或在距离水源较远的地方检查。剖检后的尸体以及死亡的尸体应深埋或焚烧。

⑫ 本场外出的人员和车辆，必须经过全面消毒后方可回场。

⑬ 运送饲料的包装袋，回收后必须经过消毒，方可再利用，以防止污染饲料。

四、驱虫、杀虫与灭鼠

（一）养猪场的驱虫

1. 当前规模化猪场寄生虫病发生的特点

（1）猪群感染寄生虫的分类　猪群感染寄生虫一般分为两类。一类是需要中间宿主的"生物源性"寄生虫，比如猪的肺丝虫、猪囊虫、姜片吸虫及棘头虫等；另一类是不需要中间宿主的"土源性"寄生虫，比如猪蛔虫、猪鞭虫、弓形虫、球虫、毛首线虫及疥螨等。由于规模化猪场都隔离集中饲养在圈舍中，猪不易接触外界的中间宿主，因此，需要中间宿主才能传播的寄生虫病发生很少；而不需要中间宿主的寄生虫病发生较多。

（2）季节性　当前寄生虫病的发生没有明显的季节性。猪场一年四季可见寄生虫病。

（3）临床上常见寄生虫病交叉感染、重复感染与继发感染　当猪群受到各种不良因素影响时处于免疫抑制状态，免疫力低下时，易导致寄生虫病交叉感染或重复感染，以及继发感染。比如猪场经常出现猪球虫病与大肠杆菌病及轮状病毒病等混合感染；发生附红细胞体病时经常继发猪瘟、弓形虫病和蓝耳病；弓形虫病常与猪瘟或伪狂犬病或猪肺疫或喘气病或链球菌病混合感染；猪蛔虫病与猪瘟，以及猪肺丝虫病与猪肺疫混合感染等。这样会导致病情复杂化，发病率与死亡率增高，造成更大的损失。

2. 寄生虫病的防制技术

（1）选择驱虫药的原则　正规厂家生产的，广谱、高效、低毒、安全、适口性好、使用剂量小、使用方便、便于保存、猪体内残留量低、价格低廉。

（2）养猪场寄生虫病控制程序　种公猪每年春、秋各驱虫1次；

后备母猪配种前15天驱虫1次；妊娠母猪产仔后断奶时驱虫1次；哺乳仔猪断奶后驱虫1次；保育仔猪转群进入育肥舍时驱虫1次；引进猪只在隔离检疫30天期限内驱虫1次；所有的母猪与种公猪在配种前2周要进行1次体外驱虫。

（3）常用驱虫药物与使用方法　体内驱虫用伊维菌素。注射剂；每千克体重0.3毫克，皮下注射1次即可；必要时可间隔7~9天后重复注射1次。可驱杀猪的胃肠道线虫与疥螨等。休药期为28天，泌乳期禁用。预混剂；每1 000千克饲料加2克，连用7天，休药期为5天。

阿维菌素：每千克体重0.3毫克，1次内服，可驱杀猪蛔虫、结节虫、肾虫、鞭虫、肺丝虫、疥螨、血虱等。休药期为28天，泌乳期禁用。

左旋咪唑：注射剂，每千克体重7.5毫克，皮下或肌内注射；片剂，每千克体重7.5毫克，溶于水后拌入料中或饮水中内服，必要时，可在首次服药后2~4周再用药1次，效果更佳。可驱杀猪的胃肠道线虫、肺丝虫、结节虫、绦虫、囊尾蚴、猪蛔虫、猪肾虫及鞭虫等。休药期28天，妊娠母猪不能使用。

丙硫苯咪唑：每千克体重5毫克，拌入料中内服，可驱杀猪的胃肠道线虫、肺丝虫、绦虫及囊尾蚴等。休药期为28天，妊娠母猪不能使用。

通灭：每33千克体重肌内注射1毫升，全场每年使用2次即可。体外驱虫：双甲脒油乳剂，浓度为12.5%，用药1升加水配制成250升（含双甲脒0.05%），用于体表喷洒或涂擦。感染严重者用药7天后可再用药1次，以彻底治愈。可杀灭疥螨、虱、蚤、蚊、蝇、虻等昆虫。休药期为8天。

杀虫脒：油乳剂，使用浓度为0.1%~0.2%，体表喷洒，可杀灭疥螨、虱、蚤、蚊、蝇等昆虫。休药期为8天。

螨立克：体表喷洒使用浓度为1%溶液，可杀灭疥螨等。

精制敌百虫：体表喷洒使用浓度为1%~2%溶液，可杀灭疥螨、虱、蚤、蚊、蝇等。

3. 驱虫注意事项

① 养猪场要根据猪群寄生虫病发生的情况及当地动物寄生虫病的流行状况，有针对性地制订周密可行的驱虫计划，有步骤地进行驱虫。

② 实施驱虫之前要认真对猪群进行虫卵检查，弄清本猪场猪体内外寄生虫种类与严重程度，以便有效地选择最佳的驱虫药物，安排适宜的驱虫时间实施驱虫，以达到最佳的驱虫效果。

③ 驱虫用药时，要严格按照选用驱虫药的使用说明书所规定的剂量、给药方法及注意事项等进行，不得随意改变药物的用量和使用方法，否则易引发意外事故的发生。

④ 驱虫后要注意观察猪群状态，对出现严重反应的猪只要立即查明原因，并及时进行解救。

⑤ 猪场使用驱虫药要轮换使用不同的品种，不要长期只使用1~2种驱虫药，防止产生耐药虫株。目前在一些猪场已出现了耐药性虫株，甚至存在交叉耐药现象。这都与猪场长期和反复的使用1~2种驱虫药、使用剂量小或浓度低有关。

⑥ 驱虫后猪只排出的粪便与虫体要集中妥善处理，防止扩散病原。因为粪便中带有寄生虫虫卵和幼虫，在外界适宜的条件下可发育成感染性幼虫，通过污染饲料、饮水与环境，易造成猪群重复感染。因此，粪便及污物要进行厌氧消化和堆积发酵，利用生物热，杀灭虫卵和幼虫。同时要加强对猪舍内外环境的消毒与杀虫，消灭中间宿主，改变寄生虫中间宿主隐匿和滋生的条件，使没有进入中间宿主的幼虫无法完成其发育，而达到消灭寄生虫的目的。

⑦ 抗寄生虫药物对人体有一定的危害性，因此，使用驱虫药时，要避免药物与人体直接接触，采取防护措施，以免对人体刺激、过敏及中毒等事故的发生。有些驱虫药还会污染环境，因此，接触药物的容器及用具一定要妥善处理，避免造成污染环境，后患无穷。

⑧ 猪只上市屠宰前30天停止使用驱虫药，以免猪体产生药物残留，严重影响公共卫生安全和人类的健康。

（二）养猪场的杀虫

1. 有害昆虫的危害性

许多节肢动物（如蚊、蝇、蜱、虻、蠓、螨、虱、蚤等吸血昆虫）都是动物疫病及人畜共患病的传播媒介，可携带细菌 100 多种、病毒 20 多种、寄生虫 30 多种，能传播传染病和寄生虫病 20 几种。常见的有：伪狂犬病、猪瘟、蓝耳病、口蹄疫、猪痘、传染性胃肠炎、流行性腹泻、猪丹毒、猪肺疫、链球菌病、结核病、布鲁氏菌病、大肠杆菌病、沙门氏菌病、魏氏梭菌病、猪痢疾、钩端螺旋体病、附红细胞体病、猪蛔虫病、囊虫病、猪球虫病及疥螨等疫病，不仅会严重危害动物与人类的健康，而且影响猪只生长与增重，降低其非特异性免疫力与抗病力。因此，选用高效、安全、使用方便、经济和环境污染小的杀虫药杀灭吸血昆虫，对养猪生产及保障公共环境卫生的安全均具有重要的意义。

2. 养猪场的杀虫技术措施

（1）加强对环境的消毒　养猪场要加强对猪场内外环境的消毒，以彻底杀灭各种吸血昆虫。猪群实行分群隔离饲养，"全进全出"的制度；正常生产时每周消毒 1 次，发生疫情时每天消毒 1 次，直至解除封锁；猪舍外环境每月消毒 1 次，发生疫情时每周消毒 1 次，直至解除封锁；猪舍外环境每月清扫大消毒 1 次；人员、通道、进出门随时消毒。

消毒剂可选用 1%安酚（复合酚）、8%醛威（戊二醛溶液）、1：133溴氯海因粉、1：300 护康（月苄三甲氯胺溶液）、杀毒灵（每1 升水加 0.2 克）等消毒剂实施喷洒消毒。上述消毒剂杀菌广谱、药效持久、安全、使用方便，价格适中。

（2）控制好昆虫滋生的场所　猪舍每天要彻底清扫干净，及时除去粪尿、垃圾、饲料残屑及污物等，保持猪舍清洁卫生，地面干燥、通风良好，冬暖夏凉。猪舍外环境要彻底铲除杂草，填平积水坑洼，保持排水与排污系统的畅通。严格管理好粪污，无害化处理。使有害昆虫失去繁衍滋生的场所，以达到消灭吸血昆虫的目的。

（3）使用药物杀灭昆虫

加强蝇必净：250 克药物加水 2.5 升混均匀后用于喷洒猪舍、地面、墙壁、门窗、栏圈及排粪污沟等，每周 1 次，对人体和猪只无毒副作用。可杀灭蚊、蝇、蜱、蠓、虱子、骚等吸血昆虫。

蚊蝇净：10 克（1 瓶）药物溶于 500 毫升水中喷洒猪舍、地面、墙壁、门窗、栏圈及排粪污沟等，对人体和猪只无毒副作用。可杀灭蚊、蝇、蜱、蠓、虱、蚤等吸血昆虫。

蝇毒磷：白色晶状粉末，含量为 20%，常用浓度为 0.05%，用于喷洒，对蚊、蝇、蜱、螨、虱、蚤等有良好的杀灭作用。休药期为 28 天。毒性小，安全性高。

力高峰（拜耳）：用 0.15% 浓度溶液喷洒（猪体也可以），可杀灭吸血昆虫与体外寄生虫等。安全、广谱，效果好，使用方便。

拜虫杀（拜耳）：原药液对水 50 倍用于喷洒，可杀灭吸血昆虫与体外寄生虫等。安全、广谱，效果好，使用方便。

（4）猪场也可使用电子灭蚊灯、捕捉拍打及黏附等方杀灭吸血昆虫 既经济又实用。

（三）养猪场的灭鼠

1. 鼠类的危害性

（1）鼠类传播疫病，对人体和动物的健康造成严重的威胁 据有关研究报告，鼠类携带各种病原体，能传播伪狂犬病、口蹄疫、猪瘟、流行性腹泻、炭疽、猪肺疫、猪丹毒、结核病、布鲁氏菌病、李氏杆菌病、土拉杆菌病、沙门氏菌病、钩端螺旋体病及立克次氏体病等多种动物疫病及人畜共患病，对动物和人类的健康造成严重的威胁。

（2）鼠类常年吃掉大量的粮食 我国鼠的数量超过 30 亿只，每年吃掉的粮食为 250 万吨，超过我国每年进口粮食的总量，经济损失达 100 多亿元。猪舍和围墙的墙基、地面、门窗等方面都应力求坚固，发现有洞要及时堵塞。猪舍及周围地区要整洁，挖毁室外的巢穴、填埋、堵塞鼠洞，使老鼠失去栖身之处，破坏其生存环境，可达到驱杀之目的。

2. 灭鼠方法

（1）利用各种工具以不同的方式扑杀鼠类 如关、夹、压、扣、套、翻（草堆）、堵（洞）、挖（洞）、灌（洞）等。

（2）药物灭鼠

卫公灭鼠剂：每支 10 毫升，将药物溶于 100 毫升热水（40℃）中，充分混匀，再加入 500 克新鲜玉米粉反复搅拌，至药液吸干后即可使用，放至鼠类出入处，洞口附近及墙角处，让其采食。

敌鼠钠盐：取敌鼠钠盐 5 克，加沸水 2 升搅匀，再加 10 千克杂粮粉，浸泡至毒水全部吸收后，加适量的植物油拌匀，晾干后备用。

杀鼠灵：取 2.5%药物母粉 1 份、植物油 2 份、面粉 97 份，加适量水制成每粒 1 克的面丸，投放毒饵灭鼠。

立克命（拜耳）：直接撒施，灭鼠彻底。

0.005%鼠克命膏剂：每 30 厘米距离投放 1 包，不发霉，可长期使用。

3. 养猪场灭鼠注意事项

① 选择高效敏感，对人和猪无毒副作用，对环境无污染的、廉价、使用方便的灭鼠药物用于灭鼠。使用药物之前要熟悉药物的性质和作用特点，以及对人和动物的毒性和中毒的解救措施，以便发生事故时急用。

② 掌握好药物的安全有效的使用剂量和浓度，以及最佳的使用方法，以便充分发挥灭鼠药物的作用，又能避免造成人和动物发生中毒。

③ 药物灭鼠后要及时收集鼠尸，集中统一处理，防止猪只误食后发生二次中毒。

④ 用于灭鼠的药物要定期临换使用，长期使用单一的灭鼠药物易产生耐药性，结果造成灭鼠失败。

⑤ 灭鼠药要从国家指定药店购买，不要从个人手中购药，以免购进伪、劣、假药，贻误灭鼠工作的开展。

第四节　对猪群进行科学免疫

一、猪场常用疫苗

由特定细菌、病毒、寄生虫、支原体、衣原体等微生物制成的，接种动物后能产生自动免疫和预防疾病的一类生物制剂，就叫疫苗。养猪场常用的疫苗有以下几种。

（一）猪瘟兔化弱毒冻干苗

皮下或肌内注射，每次每头1毫升，注射后4天产生免疫力，免疫期保护为1~1.5年。为了克服母源抗体干扰，断奶仔猪可注射3头份或4头份。此疫苗在-15℃条件下可以保存1年，0~8℃条件下，可以保存6个月，10~25℃条件下，可以保存10天。

（二）猪丹毒疫苗

1. 猪丹毒冻干苗

皮下或肌内注射，每次每头1毫升，注射后7天产生免疫力，免疫期保护为6个月。此疫苗在-15℃条件下可以保存1年，0~8℃条件下，可以保存9个月，25~30℃条件下，可以保存10天。

2. 猪丹毒氢氧化铝灭活苗

皮下或肌内注射，10千克以上的猪每次每头5毫升，10千克以下的猪每次每头3毫升，注射后21天产生免疫力，免疫保护期为6个月。此疫苗在2~15℃条件下，可以保存1.5年，28℃以下，可以保存1年。

（三）猪瘟-猪丹毒二联冻干苗

肌内注射，每头每次1毫升，免疫保护期为6个月。此疫苗在-15℃条件下可以保存1年，2~8℃条件下，可以保存6个月，20~25℃条件下，可以保存10天。

（四）猪肺疫菌苗

1. 猪肺疫氢氧化铝灭活苗

皮下或肌内注射，每头每次5毫升，注射后14天产生免疫力，免疫保护期为6个月。此疫苗在2~15℃条件下，可以保存1~1.5年。

2. 口服猪肺疫弱毒菌苗

不论大小猪一般口服3亿个菌，按猪数计算好需要菌苗剂量，用清水稀释后拌入饲料，注意要让每一头猪都能吃上一定的料，口服7天后产生免疫力。免疫期为6个月。

（五）仔猪副伤寒弱毒冻干苗

皮下或肌内注射，每头每次 1 毫升，断乳后注射能产生较强免疫保护力。此疫苗-15℃条件下可以保存 1 年，在 2~8℃条件下，可以保存 9 个月，在 28℃条件下，可以保存 9~12 天。

（六）猪瘟、猪丹毒、猪肺疫三联活苗

肌内注射，每头每次 1 毫升，按瓶签标明用20%氢氧化铝胶生理盐水稀释，注射后 14~21 天产生免疫力，猪瘟的免疫保护期为 1 年，猪丹毒、猪肺疫的免疫保护期均为 6 个月。未断奶猪注射后隔 2 个月再注苗 1 次。此疫苗在-15℃条件下可以保存 1 年，0~8℃条件下，可以保存 6 个月，10~25℃条件下，可以保存 10 天。

（七）猪喘气病疫苗

1. 猪喘气病弱毒冻干疫苗

用生理盐水注射液稀释，对怀孕 2 月龄内的母猪在右侧胸腔倒数第 6 肋骨与肩胛骨后缘 3.5~5 厘米外进针，刺透胸壁即行注射，每头 5 毫升。注射前后皆要严格消毒，每头猪 1 个针头。

2. 猪霉形体肺炎（喘气病）灭活菌苗

仔猪于 1~2 周龄首免，2 周后第 2 次免疫，每次 2 毫升，肌内注射。接种后 3 天即可产生良好的保护作用，并可持续 7 个月之久。

（八）猪萎缩性鼻炎疫苗

1. 猪萎缩性鼻炎三联灭活菌苗

本菌苗含猪支气管败血波德氏杆菌、巴氏杆菌 A 型和产毒素 5 型及巴氏杆菌 A、D 型类毒素。对猪萎缩性鼻炎提供完整的保护。每头猪每次肌内注射 2 毫升。母猪产前 4 周接种 1 次，2 周后再接种 1 次，种公猪每年接种 1 次。母猪已接种者，仔猪于断奶前接种 1 次；母猪未接种者，仔猪于 7~10 日龄接种 1 次。如现场污染严重，应在首免后 2~3 周加强免疫 1 次。

2. 猪传染性萎缩性鼻炎油佐剂二联灭活疫苗

颈部皮下注射。母猪于产前 4 周注射 2 毫升，新进未经免疫接种的后备母猪应立即接种 1 毫升。仔猪生后 1 周龄注射 0.2 毫升（未免母猪所生），4 周龄时注射 0.5 毫升，8 周龄时注射 0.5 毫升。种公猪每年 2 次，每次 2 毫升。

（九）猪细小病毒疫苗

1. 猪细小病毒灭活氢氧化铝疫苗

使用时充分摇匀。母猪、后备母猪，于配种前 2～8 周，颈部肌内注射 2 毫升；公猪于 8 月龄时注射。注苗后 14 天产生免疫力，免疫期为 1 年。此疫苗在 4～8℃冷暗处保存，有效期为 1 年，严防冻结。

2. 猪细小病毒病灭活疫苗

母猪配种前 2～3 周接种 1 次；种公猪 6～7 月龄接种 1 次，以后每年只需接种 1 次。每次剂量 2 毫升，肌内注射。

3. 猪细小病毒灭活苗佐剂苗

阳性猪群断奶后的猪，配种前的后备母猪和不同月龄的种公猪均可使用，对经产母猪无需免疫。阴性猪群，初产和经产母猪都须免疫，配种前 2～3 周免疫，种公猪应每半年免疫 1 次。以上每次每头肌内注射 5 毫升，免疫 2 次，间隔 14 天，免疫后 4～7 天产生抗体，免疫保护期为 7 个月。

（十）伪狂犬病毒疫苗

1. 伪狂犬病毒弱毒疫苗

乳猪第 1 次注射 0.5 毫升，断奶后再注射 1 毫升；3 月龄以上架子猪 1 毫升；成年猪和妊娠母猪（产前 1 个月）2 毫升，注射后 6 天产生免疫力，免疫保护期为 1 年。

2. 猪伪狂犬病灭活菌苗、猪伪狂犬病基因缺失灭活菌苗和猪伪猪犬病缺失弱毒菌苗

后两种基因缺失灭活苗，用于扑灭计划。这 3 种苗均为肌内注射，程序是：小母猪配种前 3～6 周注射 2 毫升，公猪为每年注射 2 毫升，肥猪约在 10 周龄注射 2 毫升或 4 周后再注射 2 毫升。

（十一）兽用乙型脑炎疫苗

为地鼠肾细胞培养减毒苗。在疫区于流行期前 1～2 个月免疫，5 月龄以上至 2 岁的后备公母猪都可皮下或肌内注射 0.1 毫升，免疫后 1 个月产生坚强的免疫力。

二、猪场疫苗的选择

疫苗的内在质量是由生产厂家所控制的，使用者需要注意的是冻干苗是否失真空、油佐剂疫苗是否破乳、疫苗有无变质和长霉、疫苗中有无异物、疫苗是否过期、有无因保存不当而致失效等。如发生上述情况，这些疫苗均应废弃不用。

几乎每一种疫苗目前都有两种或两种以上的疫苗可供选择，而疫苗的内在质量对猪群产生的免疫力高低影响甚大，因此应科学慎重选用。

（一）选用疫苗应有针对性

不能见病就用疫苗，既浪费人力、物力，又增加猪只免疫系统的负担，造成免疫麻痹。一般来讲，免疫效果不佳或可通过药物保健进行防控的普通细菌性疾病，皆可不必用苗。免疫接种应将防控重点放在传播快、危害大、难控制的重大动物传染病上，如猪瘟、蓝耳病、伪狂犬病、口蹄疫、圆环病毒病、支原体肺炎等。

（二）灭活苗、弱毒苗的选择

灭活苗与弱毒苗各有优缺点。如果本场尚未发生该病，只受周边疫情威胁，一般应选择安全性好、不会散毒的灭活疫苗；否则应选择免疫力强，保护持久的弱毒疫苗。弱毒疫苗有强毒、弱毒之分，原则上应先用弱毒，后用强毒。

（三）毒（菌）株的血清型选择

有些传染性疾病的病原有多个血清型，如口蹄疫（有7个不同血清型和60多个亚型）、猪链球菌（1~9型为致病性血清型）、副猪嗜血杆菌（有15个不同血清型）等。各血清型之间的交叉免疫保护很低，如果使用疫苗毒（菌）株的血清型与引起疾病病原的血清型不同，则免疫效果不佳，可引起免疫失败。选择疫苗时，应选择当地流行的血清型，在无法确定流行病原血清型的情况时，应选用多价苗。

三、猪免疫接种的方法

(一) 肌内注射法

1. 选择合适的针头

选择合适针头，严禁使用粗短针头（表 5-1）。

表 5-1　注射针头的选择

猪只体重（千克）	针头型号	针头长度（厘米）
≤10	6~9	1.2~2.0
10~25	9	2.5
25~50	12	3.0
50~100	12~16	3.5~3.8
≥100	16	3.8~4.5

油佐剂疫苗比较黏稠，选择的针头型号可大些，水佐剂疫苗选择的针头型号可小些，切忌用过粗的针头。小猪 1 针筒药液换 1 个针头；种猪 1 头猪换 1 个针头。

可选择针尖呈棱形头，菱形针头锐利，阻力少，针尖斜面针头圆钝，阻力大。

2. 用固定针头抽取药液

使用非连续注射器抽取疫苗时，在疫苗瓶上固定 1 枚针头抽取药液，绝不能用已给猪注射过的针头抽取，以防污染整瓶疫苗。注射器内的疫苗不能回注疫苗瓶，避免整瓶疫苗污染；注射前要排空注射器内的空气。

3. 必要时要进行保定猪只

在仔猪的耳根部、颈部肌内注射疫苗时，可进行正提保定：保定者在正面用两手分别握住猪的两耳，向上提起猪头部，使猪的前肢悬空；大猪注射疫苗需要保定时，可进行侧卧保定：一人抓住一后肢，另一人抓住耳朵，使猪失去平衡，侧卧倒下，固定头部，根据需要固定四肢。

4. 进针的部位、角度

一般选择颈部肌内注射（臂头肌）。进针的部位为双耳后贴覆盖的区域：成年猪在耳后5~8厘米，前肩3厘米双耳后贴覆盖的区域，这个区域脂肪层较薄，容易进针到肌肉内，药液容易吸收。垂直于体表皮肤进针直达肌肉。

进针部位和角度不当，常将药液注入脂肪层，如斜角向下进针，容易注射脂肪层；注射点太高，药液被注射入脂肪层；注射部位太低，药液会进入脂肪或腮腺；药液注入脂肪层，容易造成局部肿胀、疼痛、甚至形成脓包，需避开脓包注射。如打了飞针或注射部位流血，一定要在猪只另一侧补一针疫苗。

5. 按规定剂量进行接种

剂量太少则免疫效果差，剂量太大则成本过高，同时可能会产生副反应，尤其毒株毒力大的疫苗；注射过程中要定期检查和校准注射器的刻度，以防调节螺旋滑动造成剂量不准确。注射过程中要观察连续注射器针筒内是否有气泡，发现针管内有气泡要及时排空，否则剂量不足。

一般两种疫苗不能混合注射使用，同时注射两种疫苗时，要分开在颈部两侧注射。

（二）皮下注射

猪布氏杆菌病活疫苗要皮下注射。皮下注射方法：在耳根后方，先将皮肤捍起，将再药液注射入皮下，即将药液注射到皮肤与肌肉之间的疏松组织中。

（三）交巢穴注射

病毒腹泻苗采用交巢穴（又称"后海穴"）注射较好，其部位在肛门上、尾根下的凹陷中，注射时将尾提起，针与直肠呈平行方向刺入，当针体进入一定深度后，便可推注药物。3日龄仔猪进针深度为0.5厘米、成年猪为4厘米。

（四）肺内注射接种

猪气喘病活疫苗采用肺内注射接种，将仔猪抱于胸前，在右侧肩胛骨后缘沿中轴线向后2~3肋间或倒数第4~5肋间，先消毒注射局部，取长度适宜的针头，垂直刺入胸腔，当感觉进针突然轻松时，说明针已入肺脏，即可进行注射。肺内注射必须1只小猪换1个针头。

（五）气雾喷鼻接种

常用于初生仔猪伪狂犬活疫苗接种，也用于支原体活疫苗接种。

喷鼻操作：1头份伪狂犬疫苗稀释成0.5毫升，使用连续注射器，每个鼻孔喷雾0.25毫升。应使用专用的喷鼻器，用一定力量推压注射器活塞，让疫苗喷射出呈雾状，气雾接触到较大面积的鼻黏膜，充分感染嗅球。如果采用滴鼻的方法不仅疫苗接触到鼻黏膜面积有限，同时仔猪常将疫苗喷出鼻腔，造成免疫失败。使用干粉消毒剂给初生仔猪进行消毒和干燥的猪场，用疫苗喷鼻后不能让消毒干粉吸入鼻孔内，否则会造成免疫失败。

四、制定科学的免疫程序

（一）制定科学免疫程序的原则

免疫接种前必须制定科学的免疫程序，从猪场实际生产出发，考虑本场常见疫病种类、发病特点、既往病史、当地疫病流行情况、受威胁程度，结合猪群种类、用途、年龄、各种疫病的抗体消长规律及疫苗性质等因素，制定适合本场实际需要的免疫程序。

免疫程序包括：接种猪类别、疫苗名称、免疫时间、接种剂量、免疫途径（皮下、肌内、口服、滴鼻、胸腔、穴位等）、每种疫苗年接种次数、疫苗接种顺序、间隔时间等。免疫程序一经制定应严格按要求执行，并随着抗体检测结果以及疫病发展变化，不断进行调整。免疫程序切忌照搬照抄、一成不变和盲目频频改动。

免疫是防疫的重要一环，免疫程序是否合理关系到免疫成败，从而影响生产成绩。猪场要制定科学的免疫程序，要遵循以下基本原则。

1. 目标原则

在制定免疫程序时，首先要明确接种疫苗要达到的目标。

（1）通过免疫母猪保护胎儿　如接种细小病毒和乙型脑炎疫苗是为了全程保护怀孕期胎儿，在母猪配种前4周接种为宜，后备猪到7.5~8月龄配种，在6月龄接种为宜，考虑到后备猪是首次免疫该2种疫苗，所以4周后需要再加强接种1次。如果接种过早，个别后备母猪9~10月龄才发情配种，由于抗体水平下降，导致怀孕中后期得不到抗体保护而发病，所以到了 9 月龄后才发情配种的后备母猪需加强接种 1 次。

（2）通过母源抗体保护仔猪　给母猪接种病毒性腹泻苗主要是为了通过母猪的母源抗体保护哺乳仔猪，所以流行性腹泻−传染性胃肠炎疫苗在产前跟胎免疫为好，同时为了获得高水平的母源抗体，一般间隔 4 周后再加强接种 1 次。有的猪场哺乳仔猪链球菌发病率较高，也可在母猪产前 3~5 周接种链球菌疫苗。

（3）同时保护母仔　伪狂犬病、猪瘟、蓝耳病、圆环病毒病、口蹄疫等疫病，可以考虑种猪实行普免，普免的免疫密度比跟胎免疫要加大，才能使母猪群各个阶段都有较高的抗体保护，如每年普免 3~4 次。如果某种疫病在哺乳仔猪发病率高，可以改为产前免疫；如果应用的疫苗安全性差、应激大，最好安排在产后空胎时接种或者考虑换安全性好的疫苗。用于普免的疫苗要求疫苗具有毒株毒力小、应激小、对怀孕胎儿安全的特性，毒株毒力较强的疫苗（如高致病性蓝耳病疫苗）进行普免就要十分谨慎。

（4）保护仔猪直到育肥猪上市　一般在仔猪的母源抗体合格率降到 65%~70% 时进行首免，如果 1 次免疫不能保护至肥猪上市，一般间隔 4 周后加强免疫 1 次，如给仔猪首免猪瘟、伪狂犬病、蓝耳病、圆环病毒等疫苗，4 周后需要加强免疫。

（5）保护未发病的同群猪　在猪群发病初期加大剂量紧急接种疫苗，通过快速产生免疫保护以便控制疫病。用于紧急接种的疫苗应具有毒株毒力小、产生免疫保护快、毒株同源性高的特性，如猪场发生猪瘟或伪狂犬病时通常采取疫苗紧急接种的办法，能使疫病得到很好控制，但蓝耳病疫苗因其产生免疫保护迟缓、毒株毒力较高一般不适宜用于紧急接种。

2. 地域性与个性相结合原则（毒株同源性原则）

根据本猪场实际情况，因地制宜，制定适合本场的免疫程序，不要去照搬，需要通过病原和流行病学调查，确定本地区和本场流行的疾病类型，选择同源性高的毒株或有交叉保护好的毒株疫苗进行免疫，如发生地方性猪丹毒可接种猪丹毒疫苗，有的地方发生 A 型口蹄疫，可选择 A 型口蹄疫疫苗。

3. 强制性原则

严格遵守国家强制要求，及时免疫口蹄疫、猪瘟、高致病性蓝耳病 3 个烈性传染病的疫苗。因为这些疫病一旦暴发，不仅会对本场造成重大的损失，还会对邻近的其他牧场和公共卫生造成极大影响。

4. 病毒性疫苗优先的原则

目前猪病比较复杂，需要防控的疫病种类很多，在制定免疫程序时，需要考虑病毒疫苗优先免疫。可以根据引发疫病的微生物种类、原发病、危害严重性，对疫苗进行分类，依次接种。

(1) 基础免疫 猪瘟、伪狂犬病、口蹄疫，这 3 个疫病关系到猪场生死存亡，所以放在最优先接种。

(2) 关键免疫 蓝耳病和圆环病毒病会引起免疫抑制，从而导致继发或混合感染，甚至会影响其他苗的免疫效果，因此这 2 种疫苗的免疫很关键。

(3) 重点免疫 为了保护胎儿，母猪配种前重点免疫乙脑和细小病毒疫苗；为了保护初生仔猪，母猪产前重点免疫病毒性腹泻疫苗；为了保护育肥猪，仔猪重点免疫支原体疫苗。

(4) 选择性免疫 如传染性萎缩性鼻炎、链球菌病、副猪嗜血杆菌病、猪丹毒、猪肺疫及大肠杆菌病等细菌病，这些疾病如果危害较小可通过适当抗生素预防和环境控制解决，如果对猪场危害大可考虑接种疫苗，如产床粗糙，常引起哺乳仔猪关节损伤导致链球菌病发生，母猪产前可免疫链球菌苗，如产房排污困难、湿度大，常发生黄白痢，母猪产前可免疫大肠杆菌苗。

5. 经济性原则

一些慢性消耗性疾病，如圆环病毒病、支原体肺炎和萎缩性鼻炎等疫病会导致生长慢，饲料转化率低，增加了饲养成本，降低了猪场收益。众多的试验表明，圆环病毒感染的猪场接种疫苗组与空白对照组相比，疫苗组能提高日增重 46~128 克、提早出栏 7~22 天、降低料重比 0.13~0.34，降低死淘率 3%~11%。在选择疫苗品牌时，主要依据疫苗接种试验的经济指标（如母猪年生产力、料重比、性价比）以评估疫苗优劣。

6. 季节性原则

蚊虫大量繁殖的夏季易发乙脑，寒冷的冬春易发口蹄疫和病毒性腹泻。可在这些疫病多发月份来临前4周接种相应的疫苗，如北方3—4月接种乙脑；9—10月接种口蹄疫和病毒性腹泻苗，同时因南方每年2—4月是雨水多、空气湿冷，饲料易霉变的季节，所以每年1—2月需要加强接种口蹄疫和病毒性腹泻疫苗。

7. 阶段性原则

根据本场的临床症状、病理变化、抗体转阳时间和抗原检测来分析本场的发病规律，在本病易感染阶段提前4周免疫相关疫苗，或在野毒抗体转阳提前4周免疫相关疫苗。怀孕母猪易感染乙脑和细小病毒，导致流产、死胎、木乃伊胎，母猪配种前免疫该2种疫苗；蓝耳病常引起怀孕后期（90天后）出现流产、死胎，在怀孕60天接种比较适宜；初生仔猪易发生病毒性腹泻造成大量死亡，母猪产前重点免疫病毒性腹泻疫苗；断奶后7~8周龄的保育仔猪易发生圆环病毒病，哺乳仔猪3周龄接种圆环病毒疫苗；育肥猪易发生支原体肺炎，仔猪重点免疫支原体疫苗。

8. 避免干扰原则

（1）避免母源抗体干扰　在制定免疫程序时，过早注射疫苗，疫苗抗原会被母源抗体中和而导致免疫失败，过迟免疫又会出现免疫空白期，因此需要对母源抗体进行检测，建议母源抗体合格率下降到65%~70%时进行首免。目前很多猪场母猪普免猪瘟疫苗3次/年，仔猪到3~4周龄时猪瘟母源抗体水平保护率达85%以上，如果这时接种猪瘟疫苗，就会因母源抗体干扰而导致保育猪因6~8周龄抗体水平差而发病。目前很多猪场普免伪狂犬病疫苗3~4次/年，仔猪7~8周龄伪狂犬病母源抗体水平保护率高达85%以上，很多猪场在此时接种伪狂犬病疫苗而导致免疫失败，这是目前伪狂犬病发病比较严重的一个主要原因。

（2）避免疫苗之间干扰　接种2种疫苗要间隔1周以上，除已批准的二联苗外，如蓝耳-猪瘟的二联苗，在接种蓝耳病弱毒疫苗后建议间隔2周以上才能接种其他疫苗。在安排季节性普免疫苗时，为避免蓝耳病疫苗病毒对其他疫苗的干扰，可按照猪瘟-伪狂犬病-口蹄疫–乙脑–圆环病毒–蓝耳病的顺序安排接种。

（3）避免疾病对疫苗的干扰　如果猪群或猪只处于发病阶段或亚健康状态，如猪群群体出现发热、腹泻等现象，需要先进行药物治疗，然后再免疫。特别强调的是在蓝耳病高毒血症期间或发病期间，尽可能避免接种其他疫苗，可以稍提前或推迟其他疫苗接种。

（4）避免药物干扰　接种活菌疫苗前后 1 周，禁止使用抗生素；接种活疫苗（病毒苗）前后 1 周，禁止使用抗病毒的药物，例如金刚烷胺（禁用药）、干扰素、抗血清、抗病毒的中草药等；接种疫苗前后 1 周，尽量避免使用免疫抑制类药物，例如氟苯尼考、磺胺类、氨基糖苷类、四环素、地米等糖皮质激素。

（5）避免应激干扰　避免在去势、断奶、长途运输后、转群、换料、气候突变等应激状态下进行疫苗的接种，如不能在断奶时接种猪瘟疫苗。

9. 安全性原则

接种疫苗后，有的猪会出现减食、精神沉郁或体温升高 1.0℃ 以内的现象，这些反应是正常的，多在 1~3 天消失。但是常遇到接种某些疫苗时会出现绝食、体温升高 1.0℃ 以上、口吐白沫、倒地痉挛、过敏性休克、甚至死亡或母猪流产等严重副反应，更严重的是注射后出现猪群暴发疫病。这就需要采取降低免疫副反应的措施：① 初次使用某种疫苗时先小群试用；② 选择适宜的免疫阶段，尽量避开母猪重胎期和怀孕初期接种，避开猪群发烧、腹泻时接种；③ 选择毒株毒力小的疫苗；④ 选择佐剂优良应激小的疫苗；⑤ 有细菌混合感染发病不稳定的猪群先加抗生素稳定后再接种；⑥ 接种应激大的疫苗，如口蹄疫灭活苗和蓝耳病疫苗时，接种前后 3 天在饲料或饮水添加电解多维抗应激；⑦ 尽可能避免紧急接种；⑧ 检查疫苗是否合格，如不用过期变质、包装破损的疫苗；⑨ 辅导员工熟练接种操作，如不能盲目过量注射。

10. 免疫监测原则

免疫是动态的，随着猪群健康的变化而变化，所以需要每季度或每批疫苗免疫后监测，定期调整免疫程序。免疫监测的目的：一是根据检测结果调整免疫程序，二是评估免疫效果。免疫监测的方法：

① 观察临床表现；② 屠宰检测；③ 生产成绩评估；④ 实验室检测（重点是实验室检测）：首先是免疫后 4 周左右抽血检测抗体水平，如果抗体水平不符合要求，要检查免疫失败原因，同时尽快补接疫苗；其次，免疫后 16、20、24 周龄抽血检测，评估免疫持续保护时间，从而决定免疫时间、免疫次数和免疫剂量；特别强调的是猪场应重视育肥猪中大猪阶段的检测，评估育肥猪免疫成败重要指标是看免疫是否能保护猪群直至出栏。具体检测时间可采用双周检测。

根据制定免疫程序的十大原则，对照检查猪场免疫程序是否合理，科学制定免疫程序。诚然，免疫是一项系统工程，要使免疫发挥最佳还需要选择好优质的疫苗、确保疫苗运输与保管的冷链安全和培训好熟练的免疫操作人员等。同时，务必牢记饲养管理、环境控制、生物安全管理等一系防控措施是免疫的基础，只有综合管理才能较好地预防疫病，保护猪群健康，使效益最大化。

（二）推荐后备母猪免疫程序

1. 平时猪场后备母猪培育经常会出现的问题

① 引进不健康的带毒的后备母猪。引种前未对种猪来源场的种猪健康状况进行多方了解或只重视种猪价格而忽略种猪质量，一些猪场因此而付出了沉重的代价。

② 引种的猪只体重偏大（大于 80 千克）、后备母猪未完成免疫程序和隔离驯化就开始配种，导致第 1 胎怀孕母猪流产率增加，产死胎率增加，后代难养。而且造成母猪的非生产天数的增加，无形之间增加猪场的开销，浪费。

③ 频繁引种、多渠道引种。种源不单一，使猪场疫病复杂化，让兽医无从下手。

④ 没有对引进的后备母猪实行标准的隔离驯化，而直接进入生产群混养，从而增加了猪场疫病暴发的风险。

⑤ 后备母猪的饲养方式和饲料营养与育肥猪无差异，使后备母猪过度生长而使种用性能下降，种用率降低。

⑥ 引进的后备种猪无档案记录，错过对后备母猪的调教和催情时机，致使后备母猪发情延后、发情困难甚至不发情，最后淘汰。

⑦ 后备母猪性发育未完善，初配日龄早，会使第 1 胎母猪断奶

后淘汰率增加。因此，后备种猪的正确培育对提高猪场生产效率非常重要。

2. 后备母猪推荐免疫程序

① 配种前 30 天，伪狂犬病疫苗，2~4 头份，肌内注射；配种前 18 天，冬春两季 K88、K99+传染性胃肠炎流行性腹泻轮转病毒感染联苗，1~2 头份，肌内注射。

② 配种前 1 个月肌内注射细小病毒疫苗；配种前 20~30 天注射猪瘟-猪丹毒二联苗（或加猪肺疫的三联苗），4 倍量肌内注射；每年春天（3—4 月），肌内注射乙型脑炎疫苗 1 次；配种前 1 个月接种 1 次伪狂犬疫苗。

（三）推荐成年母猪免疫程序

配种前注射：猪瘟疫苗 4~6 头份，细小病毒疫苗、乙型脑炎疫苗（春季注射）、三联苗（秋季注射）、链球菌苗等注射间隔 5~7 天。

产前注射：产前 1 月注射红黄痢二联苗 1 次。

（四）推荐经产母猪免疫程序

空怀期：注射猪瘟-猪丹毒二联苗（或加猪肺疫的三联苗），4 倍量肌内注射；每年肌内注射一次细小病毒灭活苗，3 年后可不注；每年春天 3—4 月肌内注射 1 次乙脑苗，3 年后可不注；产前 2 周肌内注射气喘病灭活苗。

妊娠经产母猪产前 45 天、15 天，分别注射 K88、K99、987P 大肠杆菌苗。产前 45 天，肌内注射传染性胃肠炎-流行性腹泻二联苗；产前 35 天，皮下注射传染性萎缩性鼻炎灭活苗。

（五）推荐哺乳母猪免疫程序（表 5-2）

表 5-2　哺乳母猪免疫程序

日龄	类型	剂量	免疫接种方法
产后 7 天	猪瘟	5~8 头份	肌内注射
产后 14 天	口蹄疫	2~3 头份	肌内注射
产后 21 天	猪丹毒-猪肺疫二联苗	2~4 头份	肌内注射

五、做好免疫接种前的准备

(一) 疫苗的采购、运输和保存

疫苗应在当地动物防疫部门指定的具有《兽药经营许可证》的兽药店购买，所购疫苗必须具备农业部核发的生物制品批准文号或《进口兽药注册证书》的兽药产品批准文号。选择性能稳定，价格适中，易操作，有一定知名度的厂家生产，不要一味追求新的、贵的、包装精美的及进口的疫苗。疫苗在整个流通环节中要完善冷链系统建设，冻干苗应在-15℃条件下运输、保存，禁止反复冻融，灭活苗应在2~8℃条件下运输、保存，防止冻结。同时，避免光照和剧烈震动，减少人为因素造成的疫苗失效和效价降低。

(二) 猪群健康状况检查

疫苗注入猪体后需经一系列的复杂反应方能产生免疫应答。因此，接种前猪群的健康状态尤为重要，接种猪只必须健康、无疫病潜伏，对患病、体弱和营养不良猪只只能日后补免。猪群在断奶、去势、运输、捕捉、采血、换料或天气突变等应激诱因下，不利于抗体产生，不宜实施免疫注射。接种疫苗前10天，饲料中不能添加任何抗菌药或抗病毒药物，可添加营养保健剂，黄芪多糖和电解多维，以增强猪只体质，减少应激，提高猪群的免疫应答能力。

(三) 小范围试用

中途更换厂家的疫苗及新增设的疫苗，应选择一定数量的猪只先小范围试用，观察3~5天，确定无严重不良反应后，方可进行大面积推广免疫接种。

第五节　猪群的健康检查、疫病监测与诊疗

一、猪群健康检查与疫病监测

猪群健康检查与疫病监测的主要任务是：对猪群健康状况的定期检查，对猪群中常见疫病及日常生产状况的治疗收集分析，监测各类疫病和防疫措施的效果，对猪群健康水平的综合评估，对疫病发生的

危险度的预测预报等。

(一) 健康检查

饲养员对自己所养猪只要随时观察，如发现异常，及时向兽医或技术员汇报。猪场技术员和兽医每日至少巡视猪群2~3遍，并经常与饲养员取得联系，互通信息，以掌握猪群动态。无论是饲养员还是技术人员，观察猪群都要认真、细致，掌握好观察技术、观察时机和方法。

生产上可采用"三看"，即"平时看精神，喂饲看食欲，清扫看粪便。"并应考虑猪的年龄、性别、生理阶段、季节、温度、空气等，有重点、有目的地观察。对观察中发现的不正常情况，应及时分析，查明原因，尽早采取措施加以解决。如属一般疾病，应采用对症治疗或淘汰，如是烈性传染病，则应立即捕杀，妥善处理尸体，并采取紧急消毒、紧急免疫接种等措施，防止其蔓延扩散。

对异常猪只及时淘汰，可提高生产水平，减少耗料和用药，更有利于维护全群的安全，因为这些猪往往对传染病易感或是带菌带毒，是危险的传染源或潜在的传染源。

(二) 测量统计

特定的品种或杂交组合，要求特定的饲养管理水平，并同时表现特定的生产水平。通过测量统计，便可了解饲养管理水平是否适宜，猪群的健康是否在最佳状态。低劣的饲养管理，发挥不出猪的最大遗传潜力，同时也降低了猪的健康水平。

猪所表现的生产力水平的高低是反应饲养管理好坏和健康状况的晴雨表，例如，母猪受胎率低、产仔数少，往往与配种技术不佳、饲养管理不当和某些疾病有关；初生重低与母猪怀孕期营养不良有关；21天窝重小、整齐度差与母乳不足、补料过晚或不当、环境不良或受到疾病侵袭有关；肉猪日增重低、饲料报酬差有可能是猪群潜藏某些慢性疾病或饲养管理不当。

(三) 病猪剖检

通过对病猪的剖检，观察各器官组织有无病变或病变的种类、程度等，了解猪病的种类及严重程度。

（四）屠宰场检查

在屠宰场检查屠宰猪只各器官组织有无异常或病变，了解有无某种传染病及严重程度。

（五）抗原、抗体测定

检查和测定血清及其他体液中的抗体水平，是了解动物免疫状态的有效方法。动物血清中存在某种抗体，说明动物曾经与同源抗原接触过，抗体的出现意味着动物正在患病或过去患过病，或意味着动物接种疫苗已经产生效力。如果抗体水平下降，表示这些抗体可能是传染病或接种疫苗的残余抗体。接种疫苗后测定抗体，可以明确人工免疫的有效程度，并作为以后何时再接种疫苗的参考。怀孕母猪接种疫苗后，仔猪可通过吃初乳获得母源抗体。测定仔猪体内的母源抗体量，可了解仔猪的免疫状态，同时也是确定仔猪何时再接种疫苗的重要依据。用来检查抗体的技术，也可以检查和鉴别抗原、诊断疾病。生产现场可用全血凝集试验等较简单的方法进行某些疾病的检疫，淘汰反应阳性猪，净化猪群。

二、及时诊疗疾病与扑灭疫情

（一）日常诊疗

兽医技术人员应每天深入猪舍，巡视猪群，对猪群中发现的病例及时有效地进行诊断治疗和处理。对内科、外科、产科等非传染性疾病的单个病例，有治疗价值的及时地予以治疗，对无治疗价值者尽快予以淘汰。对怀疑或已确诊的常见多发性传染病患猪，应及时组织力量进行控制，防止其扩散。

（二）疫情扑灭

当发现有猪瘟、口蹄疫等急性、烈性传染病或新的传染病时，应立即对该猪群进行封锁，根据具体情况或将病猪转移至病猪隔离舍进行诊断和处置，或将其扑杀、焚烧和深埋；实施强化消毒，对假定健康猪群实施紧急免疫；全生产区内禁止猪群调动，禁止出售或购入猪只，禁止人员流动，实施防疫封锁。当最后一头病猪痊愈、淘汰或死亡后，经过一定时间（该病的最长潜伏期），无该病新病例出现时，经大消毒后方可解除封锁。

（三）果断淘汰病猪

猪场一旦发生猪病，多数人抱有侥幸心理，舍不得淘汰已经没有希望但尚未死亡的猪，结果不但病猪没有保住，疫病反而不断蔓延。所以在规模饲养的情况下，应该树立群体防疫的概念，放弃个体的得失，对病猪处理应做到发现早、诊断准、处置快，及时淘汰处理那些没有挽救希望且构成严重威胁的病猪。

（四）无害化处理病死猪

病死猪应及时按照国家有关规定的标准进行无害化处理，以免造成二次污染。无害化处理病死猪的方式有多种，如专用化尸池（毁尸坑）处理、湿化焚烧处理、深埋处理。其中，专业化尸池处理和深埋处理，化尸速度慢，长期使用存在对周边土壤造成二次污染的风险。湿化焚烧处理效果好，但成本较高、效率低。推荐使用发酵堆肥处理法和生物化尸机（有机废弃物处理机）等方法处理。

1. 发酵堆肥处理法

现在离猪舍距离至少在 60 米以上，避开水源和低洼地带建设发酵堆肥场。初期地面铺一层 30 厘米厚的木屑（如果处理大于 100 千克的猪要铺更厚的木屑），堆一层尸体后在其表面上至少覆盖一层 20 厘米的木屑。如靠墙边应留 30 厘米的距离，并填满木屑。如果处理 100 千克以上的猪，则猪只之间约留 30 厘米的间距。死胎、胎衣及哺乳仔猪可以群放，但应整齐地层层叠加安放并覆盖严密。堆肥期为 6 个月。在 3 个月时进行 2 次机械性翻动，重新分配多余水分，引入新的氧气供给，这样效果会更好。熟化的堆肥 50% 可再次利用，50% 另外处理（还田做肥料或与粪便一起堆肥等）。

控制堆肥效果的因素：堆料水分含量为 55%，堆料孔隙度为 40%，堆料理想温度为 37.7~65.5℃。保持温度大于 55℃ 的天数至少 5 天，以杀灭病原体。

发酵堆肥处理法的优点：无二次污染，处理效果良好；简单易学，易管理；初期投入及运行费用低廉；大小猪场均可实施。缺点：需要大量碳原料，全程要管理和监控；要设置防护栏，防止狗等叼走病死猪。

2. 生物化尸机（有机废弃物处理机）处理法

将病死猪、胎衣、胎盘等有机废弃物投入化尸机中，按比例加入辅料和耐高温的生物酵素。经化尸机切割、粉碎、高温分解发酵、高温灭菌、烘干处理48~72小时（12小时杀菌和生物降解，24小时时呈流质状，48小时时呈粉末状），生成无害的粉状有机肥料。辅料主要为木屑、谷壳糠、麸皮等。

生物化尸机处理法的优点：整个生产处理过程无烟、无臭、无污水排放，占用场地小，处理过程卫生清洁；能将病死猪等有机废弃物转化为有一定价值的有机肥料，实现综合利用的目的，避免了对环境造成二次污染的风险。缺点：一次性投入大，运行成本相对较高。

三、适度推行猪群药物预防保健计划

规模化猪场除了部分传染病可使用免疫注射加以防制外，许多传染病尚无疫苗或无可靠疫苗用于防控，使得在实际工作中必须对整个猪群投放药物进行群体预防或控制，因此，适度推行药物保健措施是需要的，也是合理的；但其成功与否，关键在于药物的选用，而选择药物的关键在于对本猪群致病菌的抗药性和敏感性的监测，所以必须定期检测猪群的健康状况，有针对性的选择敏感性较高的药物，及时制订适合本场的保健计划，预防疾病发生。用于预防的药物应有计划地定期轮换使用，投药时剂量合理，不宜盲目追求大剂量。混饲时搅拌要均匀，用药时间一般以3~7天为宜。

提倡使用中草药开展预防保健工作。要充分发挥中草药资源丰富、无有害残留、毒副作用小以及病原菌不易产生耐药性等优点来开展猪的预防保健。

第六章 母猪常见病的精细化防控

第一节 母猪非传染性繁殖障碍病的防控

一、乏情

正常情况下，后备母猪 8~10 月龄、体重 100~120 千克达到体成熟，85%~90%的经产母猪在断奶后 7 天内，均可发情配种。后备母猪不发情不超过 3% 视为正常。如果后备母猪发情时间推迟到 10 月龄甚至 10 月龄后仍不见发情征状，经产母猪断奶后超过 2 周或更长时间才发情或仍不发情，就称为母猪乏情，即母猪不发情，是母猪繁殖障碍的重要表现。生产实践中，要分清原因，积极应对。

(一) 选种的问题

没有把握好选种标准，特别是市场行情好、后备母猪紧缺时，往往见母就留，使本来不具备种用价值的母猪也当后备母猪留作种用。

预防：要严格按照种用要求，抓住"三方面、四阶段"的选种要点。

"三方面"是指母猪的健康状况、繁殖性能和胴体性状。首先，后备母猪应该是发育正常、精神活泼、健康无病的母猪，并来自无任何遗传性疾病（如乳头排列不整齐、瞎瘪乳头等）的家族；体形外貌应具有本品种特征（如毛色、头形、耳形、体形等）且发育良好，四肢结实有力，肢蹄端正；有效乳头数在 7 对以上，无瞎瘪乳头；外生殖器发育正常。其次，后备母猪应来自繁殖力高的家系（即来自产仔数多、哺乳成活率高、断奶窝重较高的良种经产母猪）。最后，同胞同窝仔猪胴体性状好，整齐度高，个体差异小，初生重为 1.5 千克以上，28 日断奶体重达 8 千克，70 日龄体重达 30 千克且膘体适中。

"四阶段"是指断乳阶段、个体发育性能测定阶段、母猪配种繁殖阶段和终选阶段。在断乳阶段，主要根据亲代种用价值（母猪窝产仔数、断奶仔猪数和同窝仔猪整齐程度）进行选择；本身生长发育情况（生长发育良好、体重大、背部宽长、后躯大、体形丰满、四肢结实）；体形外貌要符合本品种外形标准；无遗传缺陷（有效乳头 14 只以上，无瞎乳头）来进行选留。个体育肥性能测定阶段是主选阶段，主要根据母猪的生长发育情况、生长速度、活体背膘、初情期等生产性状构成的综合指数进行选留和淘汰。在母猪配种繁殖阶段，主要依据个体繁殖性能来选留，一般选留发情明显、易受孕、产仔多、泌乳力高、母性好、仔猪成活率高的母猪。而 7 月龄后无发情征兆，同一情期连续配种 3 次不受胎，断奶后 2~3 月不发情、母性差、产仔少的母猪都应淘汰。当母猪有了第 2 胎繁殖记录时，可根据母猪本身、后裔、同胞和祖先的综合信息判断是否留做种用。

（二）疾病的问题

疾病可分为先天性和后天性。先天性一般是指生理缺陷和遗传缺陷疾病，主要表现为生殖器官和内分泌系统发育不健全，如生殖道畸形、卵巢充血和囊肿、两性畸形和性激素分泌异常等。后天性主要是指母猪在生长过程中患上的疾病，如猪瘟、细小病毒病、乙型脑炎、伪狂犬病等。另外，卵巢静止、持久黄体和子宫炎等疾病也会导致生殖激素分泌的紊乱，造成母猪不发情。

防治：对于因先天性疾病而不发情的后备母猪应该及时给予淘汰。对后天性疾病，要制定好科学的免疫程序进行防控。此外，最好能安排专业的疫苗接种员对母猪进行疫苗接种。同时，定期搞好母猪栏舍及周围的消毒和卫生清洁工作。

对因生殖激素分泌紊乱导致的母猪不发情，可用氯前列烯醇、PG 600、黄体酮和乙烯雌酚等外源激素治疗。

（三）饲养管理的问题

饲料营养搭配不合理，能量、蛋白质、维生素及微量元素等不全或比例不当，饲料营养过剩或过低，喂料过多或过少，配合饲料时使用了发霉变质的原料，长期使用维生素 A、维生素 E、维生素 B_1、叶酸和生物素含量较低的育肥猪料导致性腺发育抑制等，都会使母猪的卵巢机能异常、激素分泌紊乱，母猪体况过肥或过瘦，推迟后备母猪的第 1 次发情，延长经产母猪非生产时间，最终造成母猪不发情或繁殖障碍。

饲养管理工作中，环境温度过高、饲养密度过大、栏舍阴暗潮湿、哺乳期失重过大、缺少足够的运动和缺乏公猪刺激等情况，都会影响机体内性激素的分泌，导致母猪不发情。

预防：不管是后备母猪舍还是经产母猪舍，都应保证通风透光、温度适宜。后备母猪群饲养密度、运动量要控制得当，最好能早晚采用公猪刺激诱情。经产母猪哺乳期，要适当控制带仔数，防止因带仔过多体重损失过大，使母猪过瘦。在断奶时，将 4~6 头后备母猪混养在一起 1~2 天，人为制造母猪打斗场面，可以加快发情。适时使用公猪或发情母猪对乏情母猪进行追赶或爬跨，也可适当刺激乏情母猪的发情和排卵。一般情况下，当小母猪达到 160~180 日龄后，即可用性成熟的公猪进行刺激，可使初情期提前 1 个月左右。

配制饲料时，要严格控制玉米等原料的品质，不使用霉变原料，也可在饲料中加入适量霉菌毒素吸附剂。

二、不孕

（一）原因

1. 生殖道疾病

卵巢疾病、排卵异常、配种不适时、生殖道炎症或生殖机能衰退所致。生殖道炎症是影响母猪受胎率的主要因素之一。据报道，母猪屡配不孕中有 50% 以上是因子宫炎症影响造成，如人工授精消毒不严、分娩助产不当造成产道损伤或产房卫生太差等，感染概率会升高。在养猪生产中，通常有明显的临床症状才引起注意，隐性子宫炎则常被忽略，不做任何处理便盲目配种，显然易导致受胎率下降，甚至屡配不孕。

2. 母猪过肥

由于母猪食欲旺盛，饲料不限量饲喂，致使母猪过肥，卵巢及其他生殖器官被许多脂肪包围，母猪排卵减少或不排卵，出现母猪不孕或不发情。

3. 各种传染病

细菌病毒病如细小病毒、非典型猪瘟、乙型脑炎、布氏杆菌、猪繁殖与呼吸障碍综合征、链球菌病；寄生虫病，如弓形虫病、钩端螺旋体病；代谢病，如缺乏蛋白质、维生素、硒等，均可引起屡配不孕、流产或产死胎。

4. 曲霉毒素

近年来临床发现，造成母猪屡配不孕的一个重要原因是曲霉素，主要是玉米发霉变质产生的曲霉素，包括黄曲霉毒素、烟曲霉毒素、镰刀菌素和赤霉菌毒素。

5. 非母猪因素

种公猪精液品质差主要见于公猪射精量少、密度低、活力差、畸形精子多、精子存活时间短等，也会引起母猪不孕。

（二）预防

1. 瘦弱母猪应采取配前"短期优饲"

配种后 12 天内要控制精料饲喂量，避免高温、争斗和运输应激，多喂青料，保持圈舍干燥卫生。对营养过剩、体况过肥的母猪应在配种前限量饲喂，在母猪达到 7~8 成膘时，一般就可以发情、配种了。

2. 科学饲养

不能用饲养育肥猪的方法培育后备母猪，要按母猪饲养标准来培育后备母猪和饲养初产、经产母猪。

针对公猪精液品质差，查找原因对症治疗，同时加强对种公猪的饲养管理，依据种公猪的营养标准配制全价饲料。正确处理营养、利用、运动三者之间的平衡关系。严禁超标准、超年限使用种公猪。母猪配种前要对公猪精液进行镜检。种公猪射精量为 200~300 毫升，精子活力为 80% 以上，密度为 2 亿~3 亿，畸形精子比率不超 20%。这样的种公猪方可用于配种，才能使正常发情的母猪受孕。

3. 预防疾病

细小病毒、非典型猪瘟、乙型脑炎等疾病要重点预防。对霉菌毒素造成的屡配不孕，要注意饲料的防霉、去毒和解毒等。

（三）治疗

1. 对发情周期正常而屡配不孕，尤其是配种后 21~25 天返情的母猪

发情配种前 2~4 小时进行净宫处理，将 1.5 克或 320 万单位青霉素用 20 毫升生理盐水溶解，注入生殖道内深度为 25~30 厘米处净化子宫，简称净宫。母猪发情后 24~36 小时或配种前 1~2 小时，每头注射 LRH（促进腺激素释放激素）-A3 的剂量为 10~20 微克，注射后 1~2 小时采取两步间隔配种输精，两次间隔 4~8 小时。这种方法可以使母猪配种受胎率达到 95.23%。对药物净宫和 LRH-A3 处理仍然不孕以及生殖机能衰退、失去种用价值的母猪应及时淘汰。

2. 对因卵巢囊肿不孕的母猪

母猪发情不规律或不发情，或者持续发情但屡配不孕，阴唇肿胀、增大，阴门中上部排出黏液等，可用促黄体激素，每头注射 50~100 单位。

对于卵巢机能障碍而体格健壮、发情正常、整体健康的母猪，可以采取中药四物汤加减法治疗：当归 10 克、赤芍 10 克、阳起石 8 克、补骨脂 8 克、枸杞子 5 克、香附 15 克，水煎 3 次，1 天/剂，混合饲料喂服，服药时间为下次发情配种前的 2~5 天，连续服用 3 天，即可治愈。

三、流产

猪流产是指母猪正常妊娠发生中断，表现为死胎、未足月活胎（早产）或排出干尸化胎儿等。流产是养猪业发生的常见病，对养猪业有很大的影响，常由传染性和非传染性（饲养和管理）因素引起，可发生于怀孕的任何阶段，但多见于怀孕早期。

（一）流产的原因

流产的病因很多，大致分为传染性流产和非传染性流产。

1. 传染性流产

一些病原微生物和寄生虫病可引起流产。如猪的伪狂犬病、细小病毒病、乙型脑炎、猪丹毒、猪繁殖与呼吸综合征、布鲁氏菌病、猪瘟、弓形虫病、钩端螺旋体病等均可引起猪流产。

2. 非传染性流产

非传染性流产的病因更加复杂，与营养、遗传、应激、内分泌失调、创伤、中毒、用药不当等因素有关。

（二）临床症状

隐性流产发生于妊娠早期，由于胚胎尚小，骨骼还未形成，胚胎被子宫吸收，而不排出体外，不表现出临床症状。有时阴门流出多量的分泌物，过些时间再次发情。

有时在母猪妊娠期间，仅有少数几头胎猪发生死亡，但不影响其余胎猪的生长发育，死胎不立即排出体外，待正常分娩时，随同成熟的仔猪一起产出。死亡的胎猪由于水分逐渐被母体吸收，胎体紧缩，颜色变为棕褐色，称为木乃伊胎。

如果胎儿大部或全部死亡时，母猪很快出现分娩症状，母猪兴奋不安，乳房肿大，阴门红肿，从阴门流出污褐色分泌物，母猪频频努责，排出死胎或弱仔。

流产过程中，如果子宫口开张，腐败细菌便可侵入，使子宫内未排出的死亡胎儿发生腐败分解。这时母猪全身症状加剧，从阴门不断流出污秽、恶臭的分泌物和组织碎片，如不及时治疗，可因败血症而死。

根据临床症状，可以做出诊断。要判定是否为传染性流产则需进行实验室检查。

（三）防治措施

1. 治疗

治疗的原则是尽可能制止流产；不能制止时，促进死胎排出，保证母畜的健康；根据不同情况，采取不同措施。

① 妊娠母猪表现出流产的早期症状，胎儿仍然活着时，应尽量保住胎儿，防止流产。可肌内注射孕酮10~30毫克，隔日1次，连用2次或3次。

② 保胎失败，胎儿已经死亡或发生腐败时，应促使死胎尽早排出。可用10%葡萄糖溶液1 000毫升，进行子宫灌注，一般过2~3天，即可将死胎排出。如果死胎排出不畅，可重复灌注一次。也可使用比赛可灵注射液10毫升肌内注射，每天2次，连续注射2天，可

加快死胎和恶露排出。待死胎排出后，用青霉素400万单位，链霉素200万单位，鱼腥草注射液20毫升肌内注射，每天2次，连用3天。

③ 对于流产后子宫排出污秽分泌物时，可用0.1%高锰酸钾等消毒液冲洗子宫，然后注入抗生素，进行全身治疗。对于继发传染病而引起的流产，应防治原发病。

2. 预防

加强对怀孕母猪的饲养管理，避免对怀孕母猪的挤压、碰撞，饲喂营养丰富，容易消化的饲料，严禁喂冰冻、霉变及有毒饲料。做好预防接种，定期检疫和消毒。谨慎用药，以防流产。

四、死胎

母猪死胎是繁殖障碍的一种，妊娠母猪腹部受到打击、冲撞而损伤胎儿，有妊娠疾病及传染病（布鲁氏菌病、猪细小病毒病、乙型脑炎等）时均可引起死胎。

（一）临床症状

母猪起初不食或少食，精神不振；随后起卧不安，弓背努责，阴户流出污浊液体。在怀孕后期，用手按腹部检查久无胎动。如果时间过长，病猪呆滞，不吃。如死胎腐败，常有体温升高，呼吸急促，心跳加快等全身症状，阴户流出不洁液体，如不及时治疗，常因急性子宫内膜炎引起败血症而死亡。

（二）防治

1. 治疗

如果已诊断为死胎，可手术取出，必要时注射脑垂体后叶素或催产素，一次皮下注射10~50单位。对虚弱的母猪，术前、术后应适当补液。手术后将装有金霉素或土霉素200万~300万单位的胶囊投入子宫内，病猪体温升高者，可肌内注射青霉素、链霉素，连续数天。也可按照流产治疗方法②处置。

2. 预防

（1）淘汰老龄母猪，保持生产高峰期的母猪群 引种时一定搞清楚种猪系谱和种源地和当地流行病情况，最好是从同一地域引种，引种后要隔离饲养，在1个月内可交替使用抗生素净化隐性疾病，同时要做好驱虫、消毒和配种前几种疫苗的防疫程序。

（2）加强科学饲养管理　日粮营养成分采取最佳科学配比，调控母猪体况。当母猪受外界应激采食量减少时，必须提高日粮中的矿物元素和维生素含量，增强母猪体质，使母猪尽可能多地供给胎儿营养。

（3）注意夏季管理　由于高温高湿，母猪产仔时子宫收缩无力，产程延长，呼吸困难，吃料减少，对此情况，首先采取降温措施，同时改变饲喂时间，每天早晨 5 点和晚上 9 点各饲喂 1 次，中间加两次，使母猪对饲料摄入量增加。给产前 7 天的母猪注射维生素 D_3 和维生素 E。

（4）正确用药，科学防治　对待母猪流产及发烧、采食量下降等症状，不能滥用抗生素、随意加大药物剂量。应根据各种症状，分析病因，使用高效、低毒、安全的药物治疗，配合使用青饲料、清洁饮水，增强机体各项功能。另外根据实际情况可脉冲式添加药物，对母猪进行疾病预防、净化，只有确保母猪的健康状况良好，才能充分发挥其生产及繁殖潜力，取得更大的经济效益。

五、难产

母猪难产是指母猪在分娩过程中，分娩过程受阻，胎儿不能正常排出，母猪很少发生难产，发病率比其他家畜低得多，因为母猪的骨盆入口直径比胎儿最宽横断面长 2 倍，很容易把仔猪产出。难产的发生取决于产力、产道及胎儿 3 个因素中的一个或多个。主要见于初产母猪和老龄母猪。

（一）发病原因

1. 母猪方面原因

（1）产道狭窄型　产仔时，耻骨联合会正常的开张，但受骨盆生理结构的制约，虽经剧烈持久的努责收缩，终因骨盆口开张太小，胎儿不能排出体外，滞留在子宫口而难产，此类型多发生在初产母猪。

（2）产力虚弱型　产仔时，多种诱因致使母猪疲劳，最终造成子宫收缩无力，无法将胎儿排出产道而难产，此类型多发生在体弱、老龄、产仔时间长、产仔太多、产仔胎次太多以及患病母猪。

（3）膀胱积尿型　产仔时，母猪需要长时间躺卧，此时，膀胱括约肌因体况虚弱、时间长、疾病等不良因素影响，使得膀胱麻痹，致使膀胱腔隙内的尿液因蓄积过多（不能及时排出体外）而容积性占位，出现挤压产道而难产。

（4）环境应激型　产仔时，母猪受到外界的突发性刺激，如声音、光照、气味、颜色等，致使其频频起卧，坐立不安，使得母猪子宫收缩不能正常进行而难产，此类型多发生于初产母猪和胆小母猪。

（5）其他　如母猪过肥、产道畸形、先天性发育不良等也可引起难产。

2. 胎儿方面原因

（1）胎儿过大型　多见于母猪孕育的胎儿太少，且发育过大引起难产。

（2）胎位不正　多见于胎儿在产道中姿势不正堵塞产道而引起难产。

（3）胎儿畸形　畸形的胎儿不能顺利通过产道，引起难产。

（4）胎儿死亡　胎儿在母体内死亡时间较长，引起胎儿水肿、发胀造成难产。

（5）争道占位　两头胎儿同时进入产道引起难产。

（6）其他　多因操作方法不规范、药物使用不合理、助产过早、助产过频等行为，出现如子宫收缩不规整（间歇性）、产道因润滑剂少而干涩等原因而难产。

（二）临床症状

不同原因造成的难产，临床表现不尽相同，有的在分娩过程中时起时卧，痛苦呻吟，母猪阴户肿大，有黏液流出，时做努责，但不见小猪产出，乳房膨大而滴奶，有时产出部分小猪后，间隔很长时间不能继续排出，有的母猪不努责或努责微弱，产不出胎儿，若时间过长，仔猪可能死亡，严重者可致母猪衰竭死亡。

根据母猪分娩时的临床症状，不难做出诊断。

（三）防治措施

1. 治疗

母猪破羊水后1小时仍然无仔猪产出或产仔间隔超过0.5小时，应及时采取措施。有难产史的母猪在产前1天肌内注射氯前列烯醇。当子宫颈口开张时，若母猪阵缩无力，可人工肌内注射催产素，一般可注射人工合成催产素，用量按每50千克体重1毫升的剂量，注射后20~30分钟可产出仔猪。若分娩过程过长或阵缩力量不足，可第2次注射（最多2次）；当催产无效或胎位不正、争道占位、畸形、死亡、骨盆狭窄等诱因造成难产时可行人工助产，一般可采用手术取出。

母猪难产时常见的人工助产方法有以下几种。

（1）驱赶助产 当母猪发生难产时，可尝试将母猪从产房中赶出，在分娩舍过道中驱赶运动约10分钟，以期调整胎儿姿势，然后再将母猪赶回产房中分娩，往往会收到较好的效果。

（2）按摩助产 母猪生产每头仔猪时间间隔较长或子宫收缩无力时，可辅以按摩法进行助产。其常用的助产方法：助产者双手手指并拢、伸直，放在母猪胸前，依次由前向后均匀用力按摩母猪下腹部乳房区，直至母猪出现努责并随着按摩时间的延长呈渐渐增强之势时，变换助产姿势，一只手仍以原来的姿势按摩，另一只手变为按压侧腹部，有节奏、有力度地向下按压腹部逐渐变化的最高点。实际助产时，若手臂酸痛可两手互换按压。随着按摩的进行，母猪努责频率不断加强，最后将仔猪排出体外。

（3）踩压助产 母猪生产时，若频频努责而不见仔猪产出或者是母猪阵缩乏力时，可采用踩压助产。即让人站在母猪侧腹部上虚空着脚踩压，不可用踏实的方法进行助产。其具体方法是：双手扶住栏杆（有产仔栏的最好，也可自制栏杆）借助双手的力量，轻轻地用脚踩压母猪腹部，自前向后均匀地用力踏实，手不能放松。母猪越用力努责就越用力踩压，借助踩压的力量让母猪产出仔猪。如果踩压不能奏效时，很可能是发生了较复杂的难产，应当进行产道、胎位、胎儿等方面的检查，然后再制订方案将胎儿取出。一般当取出1头仔猪后，还要采用按摩法或踩压等方法进行助产，如生产顺利可让其自行生产。

（4）药物催产　经产道检查，确诊产道完整畅通属于子宫阵缩努责微弱引起的难产时，可采用药物进行催产。催产药可选用缩宫素，肌内或皮下注射2~4毫升，可以每隔30~45分钟注射1次。为了提高缩宫素的药效，也可以先肌内注射雌二醇10~20毫克或其他雌激素制剂，再注射缩宫素。产仔胎次过多的老龄母猪或难产母猪使用缩宫素无效的，可以肌内注射毛果芸香碱或新斯的明等药物（5~8毫升/头）。

（5）人工助产　最好是选择手相对小一些的人员施行人工助产手术。

① 术前准备：助产人员剪掉指甲并磨光，之后用3%来苏尔清洗双手，消毒手掌和手臂，涂以润滑剂；助手用0.1%高锰酸钾溶液彻底清洗母猪的后躯部、肛门部、阴道部及相关物品等。

② 手术过程：助产者用上述消毒液浸过的长臂手套（肥皂或石蜡油）涂抹手套后，将左手并拢，五指呈圆锥形，多次轻轻刺激母猪的外阴部（使母猪适应此种刺激），当母猪逐渐适应后，左手顺着母猪努责的间隙期，将手心朝上，缓缓深入母猪产道内，手边伸边旋转，母猪努责时停止伸入，不努责时再往里伸入，检查难产情况或进行助产。在此过程中，要注意不要损伤子宫与产道，动作要轻、缓、稳，切忌强拉硬拽；

仔猪产出后，母猪要及时注射抗生素等药物防止感染。若母猪产道过窄，或因产道粘连，助产无效时，可以考虑剖腹手术。

助产时可以根据胎儿难产情况选择以下助产方式。

徒手牵拉法：助产者手臂深入产道后，慢慢地摸清楚胎儿在子宫内的位置、胎势与朝向。当胎位正常（正生）时，手找到仔猪的耳朵、眼眶等部，用手握住，将其缓慢地拉出产道；也可先找到仔猪的口角，再找到犬齿，将拇指与食指放到其后面固定，缓慢拉出。当仔猪倒生时，可用手指握住仔猪两后肢将仔猪慢慢拉出。

如果胎位不正，应先矫正仔猪胎位，然后再牵拉出来。如果2头仔猪同时进入产道，可将1头推回到子宫，将另1头拉出。掏出1头仔猪后，如果转为正常分娩，则不再需要继续用手牵拉助产。

助产结束后，应向子宫内注入抗生素等药物预防子宫感染。

器械助产法：通常借助于产科器械如产科绳、产科钩等进行人工助产。

其缺点是不仅仅对仔猪造成较重的伤害乃至死亡，而且对母猪的产道也会造成较大的损伤甚至终生不孕不育。

临床上使用产科绳的方法是，将绳的一头打一活套，用手（预先消毒好）携带产科绳（消毒处理好）套入母猪的子宫，"找"到仔猪的上颌骨、前肢（正生）或后肢（倒生），用绳套套住，缓慢拉出。牵拉最好配合母猪努责同时进行；用产科钩助产时，将产科钩置于手掌心，用手护住产科钩将其带入产道内，钩住仔猪眼眶、下颌骨间隙或上颚等处将仔猪拽出。

器械助产主要适用于死胎性难产及难产程度较大的难产。

剖腹产：对于产道狭窄、子宫颈狭窄、胎儿过大等引起的难产，经过助产尚不能将仔猪全部产出的，可考虑剖腹术。

2. 预防

预防母猪难产，应严格选种选配，发育不全的母猪应缓配，同时加强妊娠期间的饲养管理，适当加强运动，注意母猪的健康情况，加强临产期管理，发现问题及时处理。

六、胎衣不下

胎衣又叫胎膜，一般在胎儿产出后经 10~60 分钟即可排出。胎衣一般分为 2 次排出，若胎儿较多时，胎衣往往分数次排出。母猪产后经 2~3 小时未排出胎衣，或只排出一部分，叫胎衣不下。

（一）发病原因

胎衣不下主要是由于饲养管理不当，在母猪妊娠期间饲料单一，蛋白质、维生素和矿物质饲料供应不足，以及营养过剩，运动不足，使母猪过肥或过瘦，而引起子宫迟缓。胎儿过大、难产等也可继发产后阵缩微弱而引起胎衣不下。母猪患布氏杆菌病或慢性子宫内膜炎等，都可引起胎衣不下。

（二）临床症状

病猪常表现精神不振，不断努责，食欲减退或废绝，但喜饮水，体温升高，从阴门内流出红褐色带臭味液体。常常导致病原菌感染而伴发化脓性子宫内膜炎，如治疗不及时可变成脓毒败血症而死亡。

（三）防治

① 10%氯化钠溶液 50～100 毫升，一次静脉注射，或取 800～1 000毫升注入子宫。用 10%氯化钙注射液 50～100 毫升，一次静脉注射，或用10%安钠咖 5～10 毫升，肌内注射，可助其排出胎衣。

② 用脑垂体后叶素注射液 10～50 单位，一次皮下或肌内注射；催产素注射液 10～50 单位，一次皮下注射；麦角浸膏 1～2 毫升。用土霉素胶囊 1 克，送入子宫内。

③ 当归 15 克，香附 12 克，川芎、灵芝各 10 克，桃仁 7 克，红花、甘草各 6 克，共为细末，开水冲服，1 剂/日，连服 3 天。

④ 如治疗无效果，可人工进行剥离。术者手指剪平磨光，消毒后涂油。先向子宫内灌注 0.1%高锰酸钾溶液 500～1 000毫升，术者顺阴道将手摸入子宫，轻轻剥离胎衣取出。再用高锰酸钾水 500～1 000毫升冲洗子宫，然后全部导出，放入金霉素胶囊 1～2 克。

七、产后无乳或缺乳

母猪产后无乳汁或泌乳缺少受神经内分泌的调节，一旦内分泌发生障碍或紊乱，就会影响泌乳。此外，母猪泌乳的多少还与遗传有关。

（一）发病原因

母猪产后无乳主要是由于母猪在怀孕和哺乳期间饲喂量不足、饲料配合的不当、营养不全价所造成。此外，母猪患有严重的全身性疾病、热性传染病，如猪瘟、流感等。内分泌失调，母猪过早交配、乳腺发育不良，乳腺管闭塞不通和乳房炎等均能引起母猪无乳或缺乳。

（二）临床症状

母猪产后无乳或缺乳，一般可见乳房松弛或缩小，乳腺不发达，挤不出乳汁。仔猪经常吃奶但吃不饱，经常迫赶母猪吮乳，仔猪由于吃不到奶而饥饿嘶叫，并且仔猪很快发生消瘦。

（三）防治

1. 无乳者

绒毛膜促性腺激素 500~1 000 单位，用生理盐水 2 毫升稀释，肌内注射，每 7 天 1 次，连用数次。也可用苯甲酸雌二醇 1 毫升+黄体酮 2 毫升，混合后一次肌内注射，1 次/天，连用 7 天。

也可用当归、党参、黄芪、熟地、淫羊藿、阳起石各 15 克，菟丝子、香附、木通各 12 克，川芎、丹参、王不留行、漏芦、丝瓜络、路路通、桔梗、麦冬、陈皮、大枣各 10 克，通草、甘草各 7 克，共为细末，开水冲服，1 剂/日，连用 3 天。

2. 缺乳或少乳者

当归、党参、甘草各 20 克，通草 10 克，共为细末，炒熟黄豆面 250 克，红糖 200 克，混合拌入饲料中 1 次喂服，1 次/日，连喂 3~5 天。也可用王不留行、当归各 15 克，益母草 30 克，甘草 20 克，炒黄豆 150 克，芝麻 100 克，共为细末，鲫鱼 2 条（约 0.5 千克），并加入油、盐一起炖烂，连药带鱼和适量的饲料混合在一起，一次喂服，1 次/日，连用 3~5 天。

八、生产瘫痪

母猪生产瘫痪又称母猪瘫痪、乳热症或低血钙症，中兽医称为产后风瘫。包括产前瘫痪和产后瘫痪，是母猪在产前产后，以四肢肌肉松弛、低血钙为特征的疾病。主要原因是钙磷等营养性障碍。

引起血钙降低的原因可能与下面几种因素有关：分娩前后大量血钙进入初乳，血中流失的钙不能迅速得到补充，致使血钙急剧下降；怀孕后期，钙摄入严重不足；分娩应激和肠道吸收钙量减少；饲料钙磷比例不当或缺乏，维生素 D 缺乏，低镁日粮等可加速低血钙发生。此外，饲养管理不当、产后护理不好、母猪年老体弱、缺乏运动等也可发病。

（一）临床症状

产前瘫痪时母猪长期卧地，后肢起立困难，检查局部无任何病理变化，知觉反射、食欲、呼吸、体温等均无明显变化；强行起立后步态不稳，并且后躯摇摆，终至不能起立。

母猪产后瘫痪见于产后数小时至 2~5 日内，也有产后 15 天内发病者。病初表现为轻度不安，食欲减退，体温正常或偏低，随即发展为精神极度沉郁，食欲废绝，呈昏睡状态，长期卧地不能起立。反射减弱，奶少甚至完全无奶，有时病猪伏卧不让仔猪吃奶。

根据发病史及临床症状，可作出诊断。

（二）防治

1. 治疗

① 10%葡萄糖注射液 500 毫升，5%氯化钙 100 毫升，12.5%维生素 C 20 毫升，10%安钠咖 10 毫升，混合后静脉注射，1 次/日，连用 3 天。为了防止产后感染，可用青霉素 640 万单位，0.9%生理盐水 500 毫升，地塞米松磷酸钠注射液 10 毫升，静脉注射，1 次/天，连用 3 天。

② 桂枝、桂皮、钩藤、防己各 30 克，细辛 15 克，麻黄、煨附子各 6 克，秦艽 15 克，苍术、赤芍、甘草各 9 克，姜黄、红藤各 7 克。共为末，开水冲后放凉灌服，1 次/日，连用 2~3 天。

③ 对卧地不起的病猪，可用赤芍 15 克、延胡索 15 克、没药 12 克、桃红 15 克、红花 8 克、牛膝 7 克、白术 7 克、丹皮 7 克、当归 7 克、川芎 7 克，粉碎，水煎后灌服，1 次/天，连用 5~7 天。

④ 党参、黄芪、当归、川芎、丹参、熟地、川断、牛膝、杜仲各 15 克，龙骨 30 克，桑寄生 12 克，益母草 30 克，甘草 10 克。共为细末，加红糖 200 克，拌入饲料中，分早晚 2 次喂服，1 次/日，连服 2~3 剂。

2. 预防

科学饲养，保持日粮钙、磷比例适当，增加光照，适当增加运动，均有一定的预防作用。

九、子宫内膜炎

母猪子宫炎是母猪分娩及产后，子宫有时受到感染而发生炎症。

（一）病因

难产、胎衣不下、子宫脱出以及助产时手术不洁，操作粗野，造成子宫损伤，产后感染，以及人工授精时消毒不彻底，自然交配时公猪生殖器官或精液内存在致病菌、炎性分泌物等可引起子宫内膜炎。母猪营养不良。过于瘦弱，抵抗力下降时，其生殖道内非致病菌也能引起发病。

（二）临床症状

临床上可分为急性与慢性子宫内膜炎。

1. 急性子宫内膜炎

全身症状明显，母猪体温升高，精神不振，食欲减退或废绝，时常努责，特别在母猪刚卧下时，阴道内流出白色黏液或带臭味污秽不洁红褐色黏液或脓性分泌物，分泌物黏于尾根部，腥臭难闻。有时母猪出现腹痛症状。急性子宫炎多发生于产后及流产后。

2. 慢性子宫内膜炎

多由急性子宫内膜炎治疗不及时转化而来。病猪全身症状不明显。病猪可能周期性的从阴道内排出少量混浊的黏液。母猪往往推迟发情，或发情不正常，即使能定期发情，也屡配不孕。

（三）防治

1. 治疗

① 在产后急性期，首先应清除积留在子宫内的炎性分泌物，用1%盐水或0.02%新洁尔灭溶液、0.1%高锰酸钾溶液充分冲洗子宫。冲洗后务必将残留的溶液全部排出，至导出的洗液全部透明为止。最后向子宫内注入20万~40万单位青霉素或1克金霉素。

② 全身疗法可用抗生素或磺胺类药物治疗。青霉素40万~80万单位，链霉素100万单位，肌内注射每日2次。用金霉素或土霉素盐酸盐时，母猪每千克体重40毫克，每日肌内注射2次，磺胺嘧啶钠每千克体重0.05~0.1克，每日肌内或静脉注射2次。

也可用氨苄青霉素肌内注射，4毫克/千克体重或头孢噻呋钠3毫克/千克体重，用10毫升黄芪多糖稀释，进行肌内注射，2次/日，连用3~5天。

还可用5%葡萄糖盐水注射液500毫升，5%碳酸氢钠注射液40毫升，12.5%维生素C 10毫升，10%安钠咖5毫升，一次静脉注射，1次/日，连用3天。

③ 对慢性子宫内膜炎的病猪，可用青霉素20万~40万单位，链

霉素100万单位，混入高压消毒的20毫升植物油中，向子宫内注入。并皮下注射垂体后叶素20万~40万单位，促使子宫收缩，排出腔内炎性分泌物。

④ 当归、菟丝子、阳起石、淫羊藿、益母草各15克，研成细末，用开水冲服，1剂/日，连用3剂。

⑤ 金银花、黄连、知母、黄柏、车前子、猪苓、泽泻、甘草各15克，水煎，一次喂服。

2. 预防

预防本病应保持猪舍清洁、干燥，临产时地面上可铺清洁干草。发生难产时助产应小心谨慎，手臂、用具要消毒，取完胎儿、胎衣后，应用消毒溶液洗涤产道，并注入抗菌药物。人工授精要严格按规则操作和消毒。

十、阴道炎

母猪阴道炎常在产后，自然交配、人工授精、子宫内膜炎、胎衣腐烂等感染细菌引起阴道发炎。临床上以弓背翘尾、阴唇时开时闭，尾根、外阴周围附有黏液为特征的疾病。

(一) 临床症状

阴唇肿胀，白色母猪可以见到阴唇红肿，有时见有溃疡。手触摸阴唇时母猪表现有疼痛感觉。

阴道感染发炎时，黏膜肿胀、充血，当肿胀严重时手伸入即感到困难，并有热疼，有时有干燥感，或在黏膜上发生溃疡及糜烂。病猪常呈排尿姿势，但尿量很少。

有伪膜性阴道炎时则症状加剧。病猪精神沉郁，常努责排出有臭味的暗红色黏液，并在阴门周围干涸形成黑色的痂皮。检查阴道可见有在黏膜上被覆一层灰黄色薄膜。阴道炎是造成母猪不孕的原因之一。

根据临床症状可作出正确诊断。

(二) 防治

1. 治疗

阴道用温的弱消毒溶液洗涤：0.1%高锰酸钾、3%过氧化氢、

1%~2%的等量苏打氯化钠溶液，0.05%~0.1%雷佛奴尔或用1%~2%明矾溶液，1%~3%鞣酸溶液等。冲洗后用青霉素、磺胺、碘仿或硼酸等软膏涂抹黏膜。如疼痛剧烈，则可在软膏中按1%~2%的比例加入可卡因。黏膜上有创伤或溃疡时洗涤后，可涂等量的碘甘油溶液。症状严重的阴道炎，亦可全身应用抗菌素。

2. 预防

首先将尾巴用绷带扎好拉向体侧方，减少阴门的摩擦和防止继续感染。阴道用温的弱消毒溶液洗涤。冲洗后应将洗涤液完全导出，以免引起扩散感染。伪膜性阴道炎禁止冲洗。因为，冲洗后能引起扩散，或者使血管破坏而导致脓毒血症。冲洗后用青霉素、磺胺、碘仿或硼酸等软膏涂抹黏膜。如疼痛剧烈，则可在软膏中按1%~2%的比例加入可卡因。黏膜上有创伤或溃疡时洗涤后，可涂等量的碘甘油溶液。症状严重的阴道炎，亦可全身应用抗菌素。

十一、乳房炎

母猪乳房炎是由病原微生物或者机械创伤、理化等因素引起的母猪乳房红、肿、热、硬，并伴有痛感，泌乳减少症状的疫病。多发生在母猪分娩后泌乳期。

（一）发病原因

1. 病菌感染

病菌感染是造成母猪乳房炎的主要因素之一。

病菌感染主要来源于两个方面即接触性病原菌以及环境性病原菌。接触性病原菌一般是寄生于乳腺上，其中金黄色葡萄菌、链球菌、大肠杆菌是常见的接触性病原菌。会通过乳头侵入乳房，从而造成乳房炎。

2. 内分泌系统紊乱

很多养殖户为了提高经济效益而对母猪使用了大量的药物，这样就让母猪的内分泌系统出现了紊乱、失调的情况并导致母猪的乳房出现肿胀，造成了母猪乳房炎的发作。

3. 饲养管理不科学

在母猪的养殖过程中，没有对猪舍的温度、湿度进行适当的控制会让母猪出现疲劳的情况，不良的通风条件，母猪产房消毒不够彻底会影响母猪正常的抵抗力使其不能对病原菌进行正常的免疫。

4. 继发性因素

继发性因素包括了很多方面，比如，当母猪出现发热性症状之后，可能会引发阴道炎等症状从而引发乳腺炎；另外，子宫内膜炎会让子宫产生不良分泌物从而影响母猪正常的血液循环并进一步地蔓延，导致发乳房炎的发作。

（二）临床症状

母猪在隐性感染或隐性带毒的情况下，很容易造成隐型乳房炎。隐形感染时母猪不表现可见的临床症状，精神、采食、体温均不见异常，但少乳或无乳。这种情况既可在分娩后立刻出现，也可在分娩 2~3 天后发生。此时仔猪外观虚弱、常围卧在母猪周围。病原体通过乳汁和哺乳接触传染给仔猪，引起仔猪生长受阻，还可以引起腹泻等一系列感染症状，造成很大的损失。由于隐型乳房炎在兽医临床诊断过程中具有一定的困难性，所以不易被早期发现，一般均需要对乳汁采样进行检测才能够确定。虽然隐型乳房炎不易被发现和诊断，但是其所带来的危害却是巨大的，在临床上应该得到重视。

发生了临床型乳房炎的病猪很容易确诊，其临床检查可见母猪一个或数个乳房甚至一侧或两侧乳房均出现红肿，用手指触诊时有热度且硬，按压时母猪对疼痛表现为敏感。有的母猪发生乳房炎时，拒绝哺乳仔猪。早期乳房炎呈黏液性乳房炎，乳汁最初较稀薄，以后变为乳清样，仔细观察时可看到乳中含絮状物。炎症发展成脓性时，可排出淡黄色或黄色脓汁。捏挤乳头时有脓稠黄色、絮状凝固乳汁排出，即可确诊为患有乳房炎。如脓汁排不出时，可形脓肿，拖延日久往往自行破溃而排出带的臭味的脓汁。在脓性或坏疽性乳房炎，尤其是波及几个乳房时，母猪可能会出现全身症状，体温升高达 40.5~41℃，食欲减退，精神倦怠、伏卧拒绝仔猪吮乳。仔猪腹泻、消瘦等情况较多。

（三）防治

1. 治疗

① 对症状较轻的母猪，可挤出患病乳房内的乳汁，局部涂以

10%鱼石脂软膏或10%樟脑软膏。对乳房基部进行封闭，用0.25%~0.5%盐酸普鲁卡因溶液50~100毫升，加青霉素320万单位，在乳房实质和腹壁之间的空隙，用封闭针头平行刺入后注入。如乳头管通透性较好，可用乳导管向乳池腔内注入青霉素20万~40万单位，一起溶于0.25%~0.5%盐酸普鲁卡因溶液，或生理盐水中，一次注入。

② 对于乳房发生脓肿的病猪，应尽早由上向下纵行切开，排出脓汁，然后用3%过氧化氢溶液（双氧水）冲洗。脓肿较深的，可用注射器先抽出其内容物，最后向腔内注入青霉素20万~40万单位。病猪出现全身症状时，可用头孢噻呋钠进行肌内注射，用黄芪多糖10毫升稀释，1次/日，连用3天。可口服磺胺嘧啶，初次剂量可按磺胺嘧啶200毫升/千克体重+三甲氧苄氨嘧啶（TMP）40毫克，维持剂量按磺胺嘧啶按100毫克/千克体重、三甲氧嘧啶20毫克/千克体重，2次/日，连用3~5天。另外，同时可内服乌洛托品2~5克，以促进病程缩短。

③ 金银花、菊花、蒲公英、紫花地丁各15克，赤芍、天花粉、大黄、连翘、黄柏、白芷、当归、陈皮各12克，贝母、乳香、没药、甘草各9克，共为细末，加适量白糖拌入饲料喂服，1剂/日，连服3剂。

2. 预防

（1）重视消毒　改善产床与栏舍条件，产房做好空栏的消毒，使用含碘的消毒药消毒彻底，母猪上产床前有条件的可以对产栏进行火焰消毒，并空栏干燥7天以上。

（2）确保母猪饲料品质，防止霉菌毒素导致母猪无乳　分娩前给母猪适当减料，产仔当天饲喂不大于1千克或不喂，随后逐步增加饲喂量。损伤的乳头要及时做消毒处理，并贴上药膏防猪仔吮吸。避免磨伤带来的细菌感染。

（3）搞好管理　预防母猪便秘，并严格做好产房的清洁卫生，以避免肠道的常在菌入侵而发生乳房炎。做好防暑降温，保持舒适干燥的环境，以有效降低母猪围产期的应激。

（4）围产期添加药物　在饲料中添加大环内酯类药物如替米考星或泰万菌素，这些药物在奶水中浓度高，可以有效减少乳房炎的发生。此外，早期的研究证明其他抗菌药如复方磺胺药物、蒽诺沙星等皆可有效降低母猪乳房炎的发生比例。

（5）产后注射药物预防　药物注射是多数猪场的常规操作。常见的方法有以下几种。① 母猪产后立即肌内注射 15~20 毫升长效土霉素 1 次，用于预防乳房炎。② 产后使用 5%糖盐水 300~500 毫升+抗菌药（如头孢类抗生素）+鱼腥草针 30 毫升，静脉注射 1~2 次，在分娩当天和次日各输液 1 次。③ 有些猪场还在分娩后 24 小时内，给母猪注射 1 次氯前列烯醇，以预防产后子宫炎和无乳的发生。

十二、产后无乳综合征

母猪产后无乳综合征也称产后泌乳障碍综合征（PPDS），中国的养猪者习惯称为母猪无乳综合征，即母猪乳房炎、子宫炎、无乳症。

（一）母猪无乳综合征的危害

① 引起仔猪发病。因无乳或缺乳引起仔猪迅速消瘦、衰竭或因感染疾病而死亡，或后期长势差，饲料报酬低。严重的猪场仔猪死亡率可高达 55%，一般造成的损失为窝平均减少断奶仔猪 0.3~2 头。

② 常因子宫内膜炎、乳房炎引起母猪繁殖机能严重受损，出现繁殖障碍，如不发情、延迟发情、屡配不孕、妊娠后易发生流产等，降低母猪生产性能。

③ 导致母猪非正常淘汰率显著上升，使用年限短，母猪折旧费用高，影响正常的生产秩序。

（二）临床表现与症状

母猪无乳综合征主要有急性型和亚临床感染 2 种类型。

1. 急性型

母猪产后不食，体温升高至 40.5℃ 或更高；呼吸加快、急促，甚至困难；阴户红肿，产道流出污红色或多量脓性分泌物；乳房及乳头缩小、干瘪、乳房松弛或肥厚肿胀、挤不出乳汁、无乳；或乳腺发炎、红肿、有痛感，母猪喜伏卧，对仔猪的吮乳要求没反应或拒绝哺乳；仔猪腹泻现象如黄白痢增加，生长发育不良；个别母猪便秘，鼻吻干燥，嗜睡，不愿站立。

2. 亚临床感染型

母猪食欲无明显变化或略有减退；体温正常或略有升高，呼吸大多正常；阴道内不见或偶见污红色或白色脓性分泌物，发情时量较多；乳房苍白、扁平，少乳或无乳，仔猪不断用力拱撞或更换乳房吮乳，母猪放乳时间短；哺乳期仔猪下痢、消瘦，断奶后仔猪下痢症状消失；亚临床产后无乳综合征常因母猪症状不明显而容易被忽视，以至母猪淘汰率增加。

（三）发病原因

母猪无乳综合征主要由细菌性病原、霉菌毒素、蓝耳病、应激、膀胱炎、营养管理因素引起。

（四）防治

1. 治疗

（1）激素疗法　催产素20~40单位，维生素 B₁ 200毫克，混合肌内注射，每天2次，连用3天；或肌内注射缩宫素5~6毫升，每日2次。

（2）药物疗法　肌内注射常量青霉素、链霉素或磺胺类药物清除炎症。口服以王不留行、穿山甲等为主的中药催乳散。

（3）给母猪按摩　可通过对母猪乳房按摩、仔猪吮乳促进母猪乳房消炎、消肿和排乳。

（4）寄养仔猪　对初生小猪可采取寄养的方法，以免饿死。

2. 预防

应激因素在许多情况下是引起母猪泌乳失败的重要因素，因此要采取综合管理措施减少应激。除必要的兽医防疫措施之外，还要搞好猪舍内环境的管理，如控制好产房中的温度、湿度，降低噪声，避免粗暴管理，保持良好的卫生和环境条件，供给全价的饲料等。

十三、产褥热

母猪产褥热是母猪在分娩过程中或产后，在排出或助产取出胎儿时，由于软产道受到损伤，或恶露排出迟滞引起感染而发生，又称母猪产后败血症和母猪产后发热。

本病是由产后子宫感染病原菌而引起高热。临床上以产后体温升高、寒战、食欲废绝、阴户流出褐色带有腥臭气味分泌物为特征的疾病。助产时消毒不严，或产圈不清洁，或助产时损伤产道黏膜，致产道感染细菌（主要是溶血链球菌、金黄色葡萄球菌、化脓棒状杆菌、大肠杆菌），这些病原菌进入血液大量繁殖产生毒素而发生产褥热。

（一）临床症状

母猪产后不久，病猪体温升高到41~41.5℃，寒战，减食或完全不食，泌乳减少，乳房缩小，呼吸加快，表现衰弱，时时磨齿，四肢末端及耳尖发冷，有时阴道中流出带臭味的分泌物。

母猪产后2~3天内发病，体温达41℃而稽留，呼吸迫促，心跳加快，每分钟超过100次，甚至达120次。精神沉郁，躺卧不愿起，耳及四肢寒冷，常卧于垫草内，起卧均现困难。行走强拘，四肢关节肿胀，发热、疼痛，排粪先便秘后下痢，阴道黏膜肿胀污褐色，触之剧痛。阴户常流褐色恶臭液体和组织碎片，泌乳减少或停止。

（二）母猪产褥热类症鉴别

1. 与流产的鉴别

相似处：阴户排分泌物。不同处：一般体温不高，呼吸、心跳也不增多，一般多在预产期前发生，阴道黏膜不肿胀，不排污褐色分泌物，四肢关节不肿胀。

2. 与子宫内膜炎的鉴别

相似处：产后发病，阴道流分泌物，食欲减退，体温升高（40℃），呼吸、心跳增速等。不同处：自分娩至发病的间隔时间较长，阴道分泌物有时带血（粉红色）或组织碎片有腥臭。关节不肿胀、热、痛，不下痢。转为慢性时，不现全身症状，卧倒时阴户排出灰白色、黄色、暗灰色黏性分泌物或在阴户周围、尾根有干结物，站立不排黏液。屡配不孕。

3. 与母猪无乳综合征的鉴别

相似处：产后体温升高（39.5~41℃），奶少，食欲不振或废绝，呼吸、心跳增速等。不同处：对仔猪感情淡漠，对仔猪叫唤和吃奶要求没有反应，乳腺变硬，阴户不流褐污分泌物。

（三）防治

1. 治疗

可用 3% 双氧水或 0.1% 雷佛奴尔溶液冲洗子宫，冲洗完毕须将余液排出，适当选用磺胺类药物或青霉素，必要时加链霉素肌内注射0.01~0.02 克/（千克·天），分 1~2 次注射。青霉素肌内注射4 000~10 000单位/千克，每24 小时注射 1 次，油剂普鲁卡因青霉素G，肌内注射 4 000~10 000单位/千克，每 24 小注射 1 次。帮助子宫排出恶露，可应用脑垂体后叶素 20~40 单位注射，或用益母草 100克煎水。中草药：① 当归尾、炒川芎、大桃仁各 15 克，炮姜炭、怀牛膝、木红花各 10 克、益母草 20 克，煎服，连服 2~3 次。② 乌豆壳 200 克、桃仁 40 克、生韭菜 100~200 克，煎水 1 次内服。

2. 预防

在分娩前搞好产房的环境卫生，垫草暴晒干净，分娩时助产者必须严密消毒双手后方可进行助产。并准备碘酒和一盆消毒药水（2%来苏儿液或 0.1%新洁尔灭）随时备用，以保证助产无菌、阴道无创伤，避免发生感染。在母猪产出最后 1 头仔猪后 36~48 小时，肌内注射前列腺素 2 毫克，可排净子宫残留内容物，避免发生产褥热。加强猪舍卫生工作，母猪产前圈床应垫上清洁干草，助产时严格消毒，切勿损伤子宫，如有损伤，就应及时处理。

十四、产后恶露

在一些地方，饲养母猪的经验不足，母猪产后或配种后恶露不尽，从阴门排出大量灰红色或黄白色有臭味的黏液性或脓性分泌物，严重者呈污红色或棕色，有的猪场后备母猪也有发生。这种情况会导致母猪不发情、推迟发情或是屡配不孕，降低了母猪利用率，给养殖户造成一定的损失。

（一）病因

母猪饲养失调、湿浊行滞、湿热下注蕴结于胞宫而致胞宫热毒壅盛，或产仔过程中胎衣瘀滞胞宫、瘀血未尽，或助产消毒不严、交配过度等损伤胞宫及阴道等多种因素，中兽医把轻者叫带下，常见子宫内膜炎和卵巢炎，重者叫恶露不尽，常见于母猪产仔时胎衣没有完全排出，或死胎（包括木乃伊胎）没有排出，停留在子宫内腐烂，母猪自身免疫能力下降也是重要的原因。

（二）防治

1. 治疗

炎症急性期应清除积留在子宫内的炎性分泌物，用1%的温生理盐水或0.02%新洁尔灭、0.1%高锰酸钾、1%~2%碳酸氢钠共2 000毫升冲洗子宫，最后向子宫注入200万~400万单位青霉素、洗必泰或其他抗生素类药物。全身症状严重时，使用抗生素或磺胺类药物进行肌内注射。患慢性子宫内膜炎的病猪，可使用催产素等子宫收缩剂，促进子宫内炎性分泌物的排出。再用200万~400万单位青霉素加100万单位链霉素，混于高压灭菌的植物油20毫升注入子宫内。冲洗子宫可以每天1次或隔天1次，一般可以治愈。

2. 预防

保持猪舍清洁，助产或人工授精时要严格消毒，对各种饲料原料严格把关，禁用霉变饲料。也可以根据实际情况采用药物预防措施，后备猪6月龄及配种前各1周在饲料中添加支原净60克/500千克+金霉素180克/500千克；母猪产前产后各1周在饲料中添加支原净60克/500千克+金霉素180克/500千克；母猪断奶前后各1周在饲料中添加磺胺二甲嘧啶150克/500千克+乳酸TMP30克/500千克，或氟苯尼考60克/500千克。

十五、母猪"低温症"

母猪妊娠后或产仔后有时出现体温偏低，常处于37.5℃左右，不吃料，能喝水，耳及四肢末端发凉，机体稍瘦弱，被毛粗乱、肌肉颤抖、结膜苍白，不愿运动、喜卧地。

（一）病因

母猪"低温症"多是由于妊娠期间或产后饲养管理不良，饲料营养不全，导致母猪营养失调，体内热量不平衡而引起的。天气突变、寒冷等应激因素和体质虚弱是发病的诱因，故本病多发生于寒冷的季节。

（二）防治

① 立即肌内注射 0.1%肾上腺素 1~3 毫升和 10%安钠咖注射液 2~10 毫升，或者肌内注射地塞米松磷酸钠 5 毫克，每日 1 次。同时，用红糖（或白糖）100~150 克，加适量开水溶解，候温，一次灌服或让其自饮，每天 2~3 次，连续 3~4 天。

② 每 100 千克体重母猪用 50%葡萄糖 120~160 毫升、乙酰辅酶 A 800~1 000 单位、400~500 毫克维生素 B_6、维生素 C 2.5~4.0 克，混合后一次静脉缓慢推注（注射液加热至 37.5~39.5℃效果更好）；首选颈部肌内注射 10%安钠咖注射液，按 0.4 毫升/千克肌内注射，隔日 1 次，或用 10%的樟脑磺酸钠 10~20 毫升，每天 1 次，连用 3~4 天即好。也可在饲料中加入适量的人工盐和酵母片。

③ 中药党参、黄芪、肉桂、熟附子各 25 克，干姜、草果、连翘、炙甘草各 15 克，共研成细末，用开水冲后加适量红糖，候温灌服。也可加水 1 000 毫升，火熬至 500 毫升，1 次灌服，每天 1 剂，连服 3 剂。同时，肌内注射三磷酸腺苷 50~100 毫克，每天 1 次，连续 3~5 天。

④ 对于大便干硬的病母猪，可先用温肥皂水灌肠，待干硬粪便冲出后，再用温口服补液盐深部灌肠。对于呕吐的母猪可适量肌内注射胃复康。喂食和饮水中可适当加入熬煎好的生姜辣椒汤，以刺激机体加快血液循环，有助体温上升。还可适当升高猪舍内温度，铺干净柔软垫草。

⑤ 饮用电解质多维（200 克对水 1 000 升），加葡萄糖粉（200 克对水 1 吨），加黄芪多糖粉（400 克对水 1 吨），饮用 7 天。

同时，改善饲养管理，使用全价饲料，适当提高营养标准，减少应激，猪舍保持清洁卫生、干净、干燥、保温、通风。

十六、妊娠母猪便秘

母猪突然减食，饮水增多，出现排粪困难，粪球干硬附有黏液，呼吸增速，起卧不安，腹部有疼痛反应，体温正常。

（一）病因

妊娠期间饲料中干燥谷物和含粗纤维的劣质饲料如谷糠、蚕豆糠、干红薯蔓、花生蔓等饲喂过多，营养不全；母猪过肥或过瘦，饮水不足，缺乏运动；妊娠后期或分娩时伴有胃肠迟缓也可造成母猪发生便秘；当发生热性疫病，如流感、猪瘟、高热综合征时，也可诱发继发性便秘。

（二）防治

① 用温肥皂水或 2% 小苏打水，反复深部灌肠，并用温湿毛巾按摩腹部。

② 用 10% 硫酸钠 300 毫升或硫酸镁 30 克加水或大黄末 50～100 克加水，用胃管 1 次投服；投药后 3～4 小时，皮下注射新斯的明 2～5 毫克，均可提高疗效。

③ 腹痛不安时，可肌内注射 20% 安乃近注射液 3～5 毫升。

④ 注意保护心脏，可肌内注射 20% 安钠咖 2～5 毫升，或者肌内注射强尔心注射液 5～10 毫升。

⑤ 补液、解毒、调整酸碱平衡，静脉或腹腔注射 10% 葡萄糖盐水注射液 300～500 毫升，加维生素 C 10 毫升，每日 2 次。

同时，加强科学管理，给予全价饲料，特别是妊娠期间，要多喂易消化的饲料，适当在料中添加食盐和矿物质，常饮多维水，增加运动。母猪妊娠时，可在产仔前 2 个月于饲料中添加微生态制剂，连续饲喂 2 个月，可有效提高母猪免疫力，预防消化道多种疾病的发生。

第二节　母猪常发传染性疾病的防控

一、猪乙型脑炎

又称流行性乙型脑炎、日本脑炎，是由流行性乙型脑炎病毒引起的多种家畜和禽类的一种急性、人畜共患的自然疫源性传染病。母猪以流产、死胎为主要特征。

（一）流行情况

近年来，乙型脑炎呈多发趋势，严重威胁人类健康和畜牧业的发展。由于我国养殖业地区发展的不平衡性，很多地区养殖户没有引起对乙脑病的足够认识，特别是养猪场，对乙脑的病原学、流行病学和防治措施等没有建立完整的科学理念，因此，在很多地区因乙脑病毒引起猪的繁殖障碍和新生仔猪的死亡屡见不鲜，给养猪业造成极其严重的经济损失。

乙型脑炎是以蚊类为主要传播媒介，由乙型脑炎病毒引起的致人和动物中枢神经系统症状的人畜共患急性传染病。因蚊虫的活动一般在夏秋两季，故乙脑病一般在夏秋季节流行。我国除西藏、青海、新疆为非流行区域外，其他省市均为乙型脑炎的流行区，尤其广东、广西、海南、云南是乙脑感染的重灾区。乙脑病毒有人畜共患的特性，因此，要防控人类的乙脑必须重视动物乙脑病毒的防控。

（二）临床症状与病理变化

母猪感染后体温突然升高到 40~41℃，呈稽留热型。精神沉郁，喜卧嗜睡，食欲减少或不食，饮欲增加。拉干燥呈球形粪便，粪球表面常附有灰白色黏液。尿呈深黄色。结膜潮红，有的视力障碍。病猪后肢关节肿胀，呈轻度麻痹，步态跟跄，最后后肢麻痹，倒地不起甚至死亡。

怀孕母猪感染后，常于妊娠后期出现流产或早产，产死胎，产后乳房胀大，甚至会有乳汁流出，胎儿大小不等，胎衣停滞，阴道内流出污秽的黏液。有时会有木乃伊胎。流产后，母猪全身症状减轻，体温和食欲逐渐恢复正常。有的怀孕母猪在预产期不见腹部和乳房膨大，不泌乳。

新生仔猪主要为神经症状，突然死亡，脑充血，脑积液增多；公猪表现睾丸肿大，睾丸炎。

（三）防控措施

1. 治疗

（1）一般治疗　做好病猪隔离，保障畜舍通风良好，避免不必要的刺激，同时提供全价饲料，并用5%的葡萄糖200~500毫升、维生素C 10毫升静脉注射。

（2）对症治疗　为防止继发感染，可应用抗生素或磺胺类药物，如增效磺胺嘧啶钠注射液，按每次每千克体重0.7毫克，8~12小时肌内注射1次。兴奋不安者，用10%水合氯醛20毫升，一次静脉注射，注意不要漏出血管之外。出现神经症状者为脑水肿或脑疝，对此应立即采用脱水剂治疗。一般可用 20%甘露醇或 25%山梨醇静脉注射。每次每千克体重 10~20 毫克，15~30 分钟注射完，6 小时后再注射 1 次。高热不退者及时降温退热，可用消炎痛，每次 12.5~25.5 毫克/头，每 4~6 小时肌内注射 1 次。物理降温可用 30%酒精擦洗腹股沟、腋下、颈部，也可采用在圈舍内放置冰块、电扇吹等办法降温。

2. 预防

建议对初产母猪和公猪在蚊活动季节开始前用减毒疫苗接种 2 次，间隔 2~3 周。建议在蚊活动季节中，对种猪在配种前再接种。此疫苗可与其他病毒疫苗如猪瘟同时接种。一旦确诊最好淘汰。驱灭蚊虫，注意消灭越冬蚊。对病猪要早发现、早隔离。圈舍及用具要勤消毒。

二、猪细小病毒病

猪细小病毒病是由猪细小病毒（PPV）引起的母猪繁殖障碍性传染病。

（一）发病情况

猪是猪细小病毒唯一宿主，不同年龄、性别和品种的家猪、野猪均可感染，常见于初产母猪。一般呈地方流行性或散发，一年四季都可发生，春秋两季及母猪配种后更易感染。但病毒主要侵害新生仔猪或胚胎。

带毒猪是本病的主要传染源。带毒猪分泌物、排泄物及被其污染的饮水、饲料、器具均可引起本病的传播，带毒种公猪通过配种传染给母猪，怀孕母猪也可通过胎盘感染胎儿。以前认为猪细小病毒病呈散发或地方性流行，因种（母）猪的引进及活猪交易传播，现很多规模猪场及生猪饲养密集区时有本病发生。

（二）临床症状

母猪妊娠早期易感，母猪在配种后 1 月内感染猪细小病毒后引起胎儿死亡，死亡胎儿迅速被吸收，因此母猪产仔数减少并出现假孕返情现象，妊娠中期（30~70 日）母猪感染猪细小病毒，表现为部分母猪流产、死产及产木乃伊胎。妊娠后期（70 天以后）母猪感染猪细小病毒胎儿不仅存活，出生后一般也无异常表现，胎儿大部分产生免疫保护性应答，但这些出生仔猪可能带毒而成为感染源。断奶仔猪、育肥猪人工感染不呈现临床症状，哺乳仔猪感染后可出现倦怠、食欲不振、呕吐、下痢、跛行等症状。

（三）防控措施

1. 治疗

猪细小病毒病目前尚无有效的治疗方法，有流产、死胎及产木乃伊胎临床表现时应在饲料或饮水中添加广谱抗菌类药物控制"产后"感染。

2. 预防

（1）强化生物安全体系建设　环境条件、硬件设施要满足猪生长、繁殖的要求，卫生、消毒、隔离、无害化处理等疫病防控制度不仅要健全更重要的是落实。

（2）引种控制　引种往往是导致猪细小病毒病发生的重要原因，引种前应了解被引进场猪群是否有猪细小病毒感染，怀孕母猪是否有繁殖障碍临床表现，母猪群是否做过疫苗预防接种，不能单纯以引进种（母）猪PPV血清抗体检测阴性为标准，引进的种（母）猪应先饲养在隔离场（舍、圈）。引回1周内接种1次疫苗，配种前半个月再强化免疫1次。

（3）免疫　目前对易感猪进行免疫是最有效的防控途径。后备母猪应建立主动免疫后才配种。目前国内有弱毒苗和灭活苗，母猪在配种前1个月免疫。

（4）消毒　坚持经常性消毒，用0.5%漂白粉或1%烧碱可杀灭病原体，减少猪与病毒的接触。

三、猪瘟

猪瘟俗称"烂肠瘟"，是一种急性、热性和高度接触传染的病毒性疾病。临床特征为发病急，持续高烧，精神高度沉郁，粪便干燥，有化脓性结膜炎，全身皮肤有许多小出血点，发病率和病死率极高。猪瘟流行很广，几乎世界各国均有发生，在我国也极为普遍，造成的经济损失极大。因此，世界动物卫生组织已将本病列入A类传染病，并为国际重要检疫对象。

(一) 发病情况

猪瘟的主要病原体为猪瘟病毒（HCV），若病程较长，在病的后期常有猪沙门氏菌或猪巴氏杆菌等继发感染，使病症和病理变化复杂化。HCV 虽然有不少的变异性毒株，但目前仍认为只有 1 个血清型，因此，HCV 只有毒力强弱之分。HCV 野毒株的毒力差异很大，所致的病变和症状有明显的不同。强毒株可引起典型的猪瘟病变，发病率与死亡率高；中毒株一般是产生亚急性或慢性感染；而弱毒株只引起轻微的症状和病变，或不出现症状，给临床诊断造成一定的困难。

HCV 对外界环境的抵抗力随所处的环境不同而有较大的差异。HCV 在没有污染的或加 0.5%石炭酸防腐的血液中，于室温下可生存1 个月以上；在普通冰箱放 10 个月仍有毒力；在冻肉中可生存几个月，甚至数年，并能抵抗盐渍和烟熏；在猪肉和猪肉制品中几个月后仍然有传染性。HCV 对干燥、脂溶剂和常用的防腐消毒药的抵抗力不强，在粪便中于 20℃可存活 6 周左右，4℃可存活 6 周以上；在乙醚、氯仿和去氧胆酸盐等脂溶剂中很快灭活；在 2%氢氧化钠和 3%来苏儿等溶液中也能迅速灭活。

猪是猪瘟唯一的自然宿主，不同年龄和品种的猪均可感染发病，而其他动物则有较强的抵抗力。病猪和带毒猪是最主要的传染源，易感猪与病猪的直接接触是病毒传播的主要方式。病毒可存在于病猪的各组织器官。感染猪在出现症状前，即可从口、鼻及泪液的分泌物、尿和粪中排毒，并延续整个病程。易感猪采食了被病毒污染的饲料和饮水等，或吸入含病毒的飞沫和尘埃时，均可感染发病，所以病猪尸体处理不当，肉品卫生检查不彻底，运输、管理用具消毒不严格，执行防疫措施不认真，都是传播本病的因素。另外耐过猪和潜伏期猪也带毒排毒，应注意隔离防范，但康复猪若有大量特异抗体存在则排毒停止。

本病的发生无明显的季节性，但以春秋季较为严重，并有高度的传染性。猪群引进外表健康的感染猪是本病暴发的最常见的原因。一般是先有一至数头猪发病，经 1 周左右，大批量猪跟着发病。在新疫区常呈流行性发生，发病率和病死率极高，各种抗菌药物治疗无效。

多数猪呈急性经过而死亡，3周后病情趋于稳定，病猪多呈亚急性或慢性经过，少数慢性病猪在1个月左右恢复或死亡，流行终止。

近年来猪瘟流行发生了变化，出现了非典型猪瘟和温和型猪瘟。它们以散发流行为特点。临床上病猪的症状轻微或不明显，死亡率低，病理变化不典型，必须依赖实验室诊断才能确诊。

（二）临床症状与病理变化

潜伏期5~7天，短的2天发病，长的21天发病。根据症状和其他特征，可分为急性型、慢性型、迟发性型和温和性型4种类型。

1. 急性型

病猪高度沉郁，减食或拒食，怕冷挤卧，体温持续升高至41℃左右。先便秘，粪干硬呈球状，带有黏液或血液，随后下痢，有的发生呕吐。病猪有结膜炎，两眼有多量黏性或脓性分泌物。步态不稳，后期发生后肢麻痹。皮肤先充血，继而变成紫绀，并出现许多小出血点，以耳、四肢、腹下及会阴等部位最为常见。少数病猪出现惊厥、痉挛等神经症状。病程10~20天死亡。

2. 慢性型

初期食欲不振，精神委顿，体温升高，白细胞减少。几周后食欲和一般症状改善，但白细胞仍减少。继而病猪症状加重，体温升高不降，皮肤有紫斑或坏死，日渐消瘦，全身衰弱，病程1个月以上，甚至3个月。

3. 迟发性型

是先天性感染低毒猪瘟病毒的结果。胚胎感染低毒猪瘟病毒后，如产出正常仔猪，则可终生带毒，不产生对猪瘟病毒的抗体，表现免疫耐受现象。感染猪在出生后几个月可表现正常，随后发生减食、沉郁、结膜炎、皮炎、下痢及运动失调症状，体温正常，大多数猪能存活6个月以上。

先天性的猪瘟病毒感染，可导致流产、木乃伊胎、畸形、死产、产出有颤抖症状的弱仔或外表健康的感染仔猪。子宫内感染的仔猪，皮肤常见出血，且初生猪的死亡率很高。

4. 温和型

病情发展缓慢，病猪体温一般为40~41℃，皮肤常无出血小点，但在腹下部多见淤血和坏死。有时可见耳部及尾处皮肤坏死，俗称干耳朵、干尾巴。病程2~3个月。温和型猪瘟是目前生产中最常见的猪瘟。

急性猪瘟呈现以多发性出血为特征的败血病变化。在皮肤、浆膜、黏膜、淋巴结、肾、膀胱、喉头、扁桃体、胆囊等处都有程度不同的出血变化。一般呈斑点状，有的出血点少而散在，有的星罗棋布，以肾和淋巴结出血最为常见。淋巴结肿大，呈暗红色，切面呈弥散性出血和周边性出血，如大理石样外观，多见于腹腔淋巴结和颌下淋巴结。肾脏色彩变淡，表面有数量不等的小出血点。胃尤其是胃底出血、溃疡脾脏的边缘常可见到紫黑色突起（出血性梗死），这是猪瘟有诊断意义的病变。慢性猪瘟的出血和梗死变化较少，但回肠末端、盲肠，特别是回盲口，有许多的轮层状溃疡（钮扣状溃疡）。

(三) 防控措施

1. 治疗

目前尚无有效的治疗药物，对一些经济价值较高的种猪，可用高免血清治疗，但因高免血清价格高，很不经济，因此，不能在临床上全面使用。目前，临床上多采用对症治疗和控制继发性感染，抗生素、磺胺药和解热药联合使用，如青霉素80万单位，复方氨基比林10毫升，肌内注射，每天2次，连用3天；或用磺胺嘧啶钠10毫升，肌内注射，每天2次，连用3天。

在临床实践中，有人用中西药结合的方法或用中成药加减的方法，治疗不同时期、不同病症的病猪，取得了较好的疗效。

（1）中西药综合疗法 牛黄解毒丸5粒，病毒灵10片，土霉素4片，人工盐40克，甘草流浸膏40毫升，1次灌服，每天早、晚各1次，连用2~3天，有良效。

（2）大承气汤加味疗法 主要用于恶寒发热，大便干燥，粪便秘结的病猪。处方：大黄15克、厚朴20克、枳实15克、芒硝25克、玄参10克、麦冬15克、金银花15克、连翘20克、石膏50克，水煎去渣，早、晚各灌服1剂。此药量为10千克重的猪所用药量，大小不同的猪可酌情增减。

（3）加减黄连解毒汤疗法 多用于粪便稀软或出现明显腹泻症

状的病猪。处方：黄连 5 克、黄柏 10 克、黄芩 15 克、金银花 15 克、连翘 15 克、白扁豆 15 克、木香 10 克，水煎去渣，早、晚各灌服 1 剂。以上药量为 10 千克重的猪所用药量，大小不同的猪可酌情增减。

（4）仙人掌疗法　此方为民间对猪有明显效果的疗法。调配方法为：取仙人掌 5 片，去皮，捣成泥状备用；挖取蚯蚓 20～30 条，放入盛有白砂糖 200 克的容器中；然后倒入仙人掌泥拌和，再拌入麸皮或糖料少许。每天早、晚各喂 1 次，2～3 天则有明显好转或治愈。

2. 预防

目前主要采取以预防接种为主的综合性防疫措施来控制猪瘟。

（1）常规预防　平时的预防措施着重于提高猪群的免疫水平，防止引入病猪，切断传播途径，广泛持久地开展猪瘟疫苗的预防注射。

疫苗接种应制定行之有效的免疫程序，即在猪群免疫之前，应对猪群进行抗体水平检测。据研究，母源抗体的滴度为 1：（32～64），此时攻毒可获得 100% 的保护；当抗体滴度下降到 1：16～1：32 时，尚能获得 80% 的保护；当滴度下降到 1：8 时，则完全不能保护。因此，依照各地区和猪群的不同抗体水平，制定出相应的免疫程序才能有的放矢地获得成功。

据报道，仔猪出生后立即接种兔化弱毒苗，2 小时后再令其吃初乳，这种乳前免疫方法可获得很高的保护率。

（2）紧急预防　这是突发性猪瘟流行时的防制措施，实施步骤如下。

① 封锁疫点。在封锁地点内停止生猪集市买卖和外运，停止猪产品的买卖和外运，猪群不准放牧。最后 1 头病猪死亡后或处理后 3 周，经彻底消毒，可以解除封锁。

② 处理病猪。对所有猪进行测温和临床检查，病猪以急宰为宜，急宰病猪的血液、内脏和污物等应就地深埋，肉经煮熟后可以食用。污染的场地、用具和工作人员都应严格消毒，防止病毒扩散。可疑病猪予以隔离。

③ 紧急接种。对疫区内的假定健康猪和受威胁区的猪，立即注射猪瘟兔化弱毒疫苗，剂量可加大 1～3 倍，但注射针头应一猪一消

毒，以防人为传播。

④ 彻底消毒。对病猪圈、垫草、粪水、吃剩的饲料和用具均应彻底消毒，最好将病猪圈的表土铲出，换上一层新土。在猪瘟流行期间，对饲养用具应每隔 2~3 天消毒 1 次，碱性消毒药均有良好的消毒效果。

四、猪口蹄疫

口蹄疫是口蹄疫病毒感染引起的牛、羊、猪等偶蹄动物共患的一种急性、热性传染病，是一种人兽共患病。本病毒有甲型（A 型）、乙型（O 型）、丙型（C 型）、南非 1 型、南非 2 型、南非 3 型和亚洲 1 型 7 个血清主型，每个主型又有许多亚型。鉴于 2011 年 6 月以来，我国未检出亚洲 I 型口蹄疫病原学阳性样品，中华人民共和国农业农村部发布了第 2635 号公告，自 2018 年 7 月 1 日起，在全国范围内停止亚洲 I 型口蹄疫免疫，停止生产销售含有亚洲 I 型口蹄疫病毒组分的疫苗。

近年来，由于本病传播快、发病率高、传染途径复杂、病毒型多易变，而成为近年来危害养猪业的主要疫病之一。

（一）发病情况

口蹄疫病毒属微核糖核酸科口蹄疫病毒属，体积最小。病毒粒子呈 20 面体对称，直径为 20~23 纳米。口蹄疫病毒对外界环境的抵抗力很强，不怕干燥，在自然条件下，含病毒的组织与污染的饲料、饲草、皮毛及土壤等保持传染性达数周至数月之久。粪便中的病毒，在温暖的季节可存活 29~60 天，在冻结条件下可以越冬。但对酸和碱十分敏感，易被碱性或酸性消毒药杀死。

本病主要侵害牛、羊、猪及野生偶蹄动物，人也可感染。主要传染源是患病家畜和带毒动物。传染途径为水疱液、排泄物、分泌物、呼出的气体等途径向外排散感染力极强的病毒，从而感染其他健康家畜。本病发生没有明显的季节性，但是，由于气温和光照强度等自然条件对口蹄疫病毒的存活有直接影响，因此，本病的流行又呈现一定的季节性，表现为冬春季多发，夏秋季节发病较少。单纯性猪口蹄疫的流行特点略有不同，仅猪发病，不感染牛、羊，不引起迅速扩散或跳跃式流行，主要发生于集中饲养的猪场和食品公司的活猪仓库或城郊猪场以及交通密集的铁路、公路沿线，农村分散饲养的猪较少发生。

（二）临床症状与病理变化

潜伏期 1~2 天，病猪以蹄部水疱为主要特征，病初体温 40~41℃，精神不振，食欲减退或不食，蹄冠、趾间、蹄踵、嘴角等处出现发红、微热、敏感等症状，不久形成黄豆大、蚕豆大的水疱，水疱破裂后形成出血性烂斑、溃疡 1 周左右恢复。若有细菌感染，则局部化脓坏死，可引起蹄壳脱落，患肢不能着地，常卧地不起，部分病猪的口腔黏膜（包括舌、唇、齿龈、咽、腭）、鼻盘和哺乳母猪的乳头，也可见到水疱和烂斑。吃奶仔猪患口蹄疫时，通常很少见到水疱和烂斑，呈急性胃肠炎和心肌炎突然死亡，病死率可达 60%。仔猪感染时水疱症状不明显，主要表现为胃肠炎和心肌炎，致死率高达 80%以上。

病理变化除口腔、蹄部或鼻端（吻突）、乳房等处出现水疱及烂斑外，咽喉、气管、支气管和胃黏膜也有烂斑或溃疡，小肠、大肠黏膜可见出血性炎症。仔猪心包膜有弥散性出血点，心肌切面有灰色或黄色斑点或条纹，心肌松软似煮熟状。组织学检查心肌有病变灶，细胞呈颗粒变性，脂肪变性或蜡样坏死，俗称"虎斑心"。

（三）防控措施

1. 治疗

轻症病猪，经过 10 天左右多能自愈。重症病猪，可先用食醋水或 0.1%高锰酸钾液洗净局部，再涂布龙胆紫溶液或碘甘油，经过数日治疗，绝大多数可以治愈。但是，根据国家的规定，口蹄疫病猪应一律急宰，不准治疗，以防散播传染。

2. 预防

（1）平时的预防措施

① 加强检疫和普查工作。经常检疫和定期普查相结合，做好猪产地检疫、屠宰检疫、农贸市场检疫和运输检疫。同时，每年冬季重点普查 1 次，了解和发现疫情，以便及时采取相应措施。

② 及时接种疫苗。容易传播口蹄疫的地区，如国境边界地区、

城市郊区等，要注射口蹄疫疫苗。猪注射猪乙型（O 型）口蹄疫油乳剂灭活疫苗。值得注意的是，所用疫苗的病毒型必须与该地区流行的口蹄疫病毒型相一致，否则，不能预防和控制口蹄疫的发生和流行。

③ 加强相应防疫措施。严禁从疫区（场）买猪及其肉制品，不得用未经煮开的洗肉水、泔水喂猪。

（2）流行时的防制措施

① 一旦怀疑口蹄疫流行，应立即上报，迅速确诊，并对疫点采取封锁措施，防止疫情扩散蔓延。

② 疫区内的猪、牛、羊，应由兽医进行检疫，病畜及其同栏猪立即急宰，内脏及污染物（指不易消毒的物品）深埋或者烧掉。

③ 疫点周围及疫点内尚未感染的猪、牛、羊，应立即注射口蹄疫疫苗。疫区外围的牲畜注射完毕后，再注射疫区内的牲畜。

④ 对疫点（包括猪圈、运动场、用具、垫料等）用 2% 火碱溶液进行彻底消毒，在口蹄疫流行期间，每隔 2~3 天消毒 1 次。

⑤ 疫点内最后一头病猪痊愈或死亡后 14 天，如再未发生口蹄疫，经过彻底消毒后，可申报解除封锁。但痊愈猪仍需隔离 1 个月方可出售。

五、猪繁殖与呼吸综合征（经典猪蓝耳病和高致病性猪蓝耳病）

猪繁殖与呼吸综合征是 1987 年新发现的一种接触性传染病。主要特征是母猪呈现发热、流产、木乃伊胎、死产、弱仔等症状；仔猪表现异常呼吸症状和高死亡率。当时由于病原不明，症状不一，曾先后命名为"猪神秘病""蓝耳病""猪繁殖失败综合征""猪不孕与呼吸综合征"等十几个病名，至 1992 年在猪病国际学术讨论会上才确定其病名为"猪繁殖与呼吸综合征"。

（一）发病情况

猪繁殖与呼吸综合征病毒是有囊膜的核糖核酸病毒，呈球状，直径为 45~65 纳米，内含一正方体核衣壳核心，边长 20~35 纳米，病毒粒子表面有许多小突起。根据其形态及其基因结构，归属于动脉炎病毒属，现有两个血清型，从欧洲分离到的病毒叫 Lelvstad 病毒

（LV），从美国分离到的病毒叫 ATCCVR-2332（VR2332）。各病毒株的致病力有很大的差异，这是造成病猪症状不尽相同的原因之一。可被脂溶性剂（氯仿、乙醚）或去污剂（胆酸钠、TritonX-100、NP-40）灭活。

本病主要侵害种猪、繁殖母猪及其仔猪，而育肥猪发病比较温和。本病的传染源是病猪、康复猪及临床健康带毒猪，病毒在康复猪体内至少可存留 6 个月。病毒可从鼻分泌物、粪尿等途径排出体外，经多种途径进行传播，如空气传播、接触传播、胎盘传播和交配传播等。卫生条件不良，气候恶劣，饲养密度过高，可促进本病发生。

（二）临床症状与病理变化

本病的症状在不同感染猪群中有很大的差异，潜伏期各地报道也不一致。病的经过通常为 3~4 周，最长可达 6~12 周。感染猪群的早期症状类似流行性感冒，出现发热、嗜睡、食欲不振、疲倦、呼吸困难、咳嗽等症状。发病数日后，少数病猪的耳朵、外阴部、腹部及口鼻皮肤呈青紫色，以耳尖发绀最常见。部分猪感染后没有任何症状（40%~50%），或症状很轻微，但长期携带病毒，成为猪场持久的传染源。

1. 母猪

反复出现食欲不振、发热、嗜睡、继而发生流产（多发生于妊娠后期）、早产、死胎或木乃伊胎。活产的仔猪体重小而且衰弱，经 2~3 周后，母猪开始康复，再次配种时受精率可降低 50%，发情期推迟。患猪耳尖坏死脱落。

2. 公猪

表现厌食、沉郁、嗜睡、发热，并有异常呼吸症状。精液质量暂时下降，精子数量少、活力低。

3. 哺乳仔猪

呼吸困难，甚至出现哮喘样的呼吸障碍（由间质性肺炎所致），张口呼吸、流鼻涕、不安、侧卧、四肢划动、有时可见呕吐、腹泻、瘫痪、平衡失调、多发性关节炎及皮肤发绀等症状。仔猪的病死率可达 50%~60%。

病毒主要侵害肺脏，大多数病例如无继发感染，肺部看不到明显的肉眼病变。病理组织学检查，在肺部见有特征性的细胞性间质性肺炎，肺泡壁间隔增厚，充满巨噬细胞。鼻甲骨的纤毛脱落，上皮细胞变性，淋巴细胞和浆细胞积聚。

（三）防制措施

1. 治疗

① 生石膏 50 克，生地黄 18 克，牡丹皮 10 克，赤芍 10 克，玄参 15 克，黄芩 15 克，连翘 10 克，银花藤 20 克，板蓝根 15 克；如有高热，加水牛角 30 克。麦冬 15 克，丹参 10 克，加水 2 000 毫升，浸泡 30 分钟，煎沸 10 分钟后，自然放凉饮用。大猪每次 100 毫升，3~6 次/日；小猪每次 20~50 毫升，3 次/日，患猪可保基本存活。

② 沃尼妙林 400 克、卡巴匹林 500 克、多种维生素、10%氟苯尼考 1 千克混饲 1 吨料中，连用 5~7 天，效果显著。等疾病治愈后，必须注射蓝耳病疫苗经典毒株进行补免。

2. 预防

种猪场或规模养猪场要从无本病的地区或猪场引种，并隔离观察 1 个月，确诊无病方可入群。暴发本病时，育成猪实行"全进全出制"，每批进出前后，猪舍都要严格消毒；哺乳猪早断奶，母仔隔离饲养，杜绝病毒垂直传给猪；同时注意通风，加强消毒，增加营养，并使用抗生素和维生素 E，控制继发感染。在流行地区必要时可试用灭活油乳剂疫苗，免疫后备母猪和怀孕母猪（间隔 21 天，肌内注射 2 次），对后备母猪和育成猪也可试用弱毒疫苗。发病猪场的阳性母猪及其仔猪，应予淘汰。

六、猪圆环病毒病

猪圆环病毒病是近年来猪发生的一种新传染病。

猪圆环病毒病的病原体是猪圆环病毒（PCV-2）。此病毒主要感染断奶后仔猪，一般集中于断奶后 2~3 周和 5~8 周龄的仔猪。PCV 分布很广，在美、法、英等国流行。猪群血清阳性率可达 20%~80%，但是，实际上只有相对较小比例的猪或猪群发病。目前已知与 PCV 感染有关的有 5 种疾病：① 断奶后多系统衰竭综合征；② 猪皮炎肾病综合征；③ 间质性肺炎；④ 繁殖障碍；⑤ 传染性先天性震颤。

(一) 猪断奶后多系统衰竭综合征 (PMWS)

猪断奶后多系统衰竭综合征，多发生在 5~12 周龄断奶猪和生长猪。

1. 流行特点

哺乳仔猪很少发病，主要在断奶后 2~3 周发病。本病的主要病原是 PCV-2 (猪圆环病毒)，其在猪群血清阳性率达 20%~80%，多存在隐性感染。发病时病原还有 PRRSV (猪繁殖呼吸综合征病毒)、PRV (猪细小病毒)、MH (猪肺炎支原体)、PRV (猪伪狂犬病毒)、APP (猪胸膜炎放线杆菌) 以及 PM (猪多杀性巴氏杆菌) 等混合感染。PMWS 的发病往往与饲养密度大、环境恶劣 (空气不新鲜、湿度大、温度低、饲料营养差、管理不善等) 有密切关联。患病率为 3%~50%，致死率为 80%~90%。

2. 临床症状

主要表现精神不振、食欲下降、进行性呼吸困难、消瘦、贫血、皮肤苍白、肌肉无力、黄疸、体表淋巴结肿大；被毛粗乱，怕冷，可视黏膜黄疸，下痢，嗜睡，腹股沟浅淋巴结肿大。由于细菌、病毒的多重感染而使症状复杂化与严重化。

3. 病理变化

皮肤苍白，有 20% 出现黄疸；淋巴结异常肿胀，切面呈均匀的苍白色，肺呈弥漫性间质性肺炎；肾脏肿大，外观呈蜡样，其皮质和髓质有大小不一的点状或条状白色坏死灶；肝脏外观呈现浅黄色到橘黄色；脾稍肿大、边缘有梗死灶；胃肠道呈现不同程度的炎症损伤，结肠和盲肠黏膜充血或瘀血；肠壁外覆盖一层厚的胶冻样黄色膜；胰损伤、坏死；死后，其全身器官组织表现炎症变化，出现多灶性间质性肺炎、肝炎、肾炎、心肌炎以及胃溃疡等病变。

4. 防制措施

目前尚无有效的治疗办法和疫苗。使用抗生素，加强饲养管理，有助于控制二重感染。

① 支原净 0.125 千克、强力霉素 0.125 千克和阿莫西林 0.125 千克，3 种药加入 1 000 千克饲料日粮中拌匀喂饲。连用 1~2 周。

② 按每千克体重支原净 125 毫克给病猪注射 2 次/天，连用 3~5 天。

③ 按每 1 000 千克饮水中加入支原净 0.12~0.18 千克，供病猪饮服，连用 3~5 天。

仔猪断奶前 1 周和断奶后 2~3 周，可选用以下措施防治该病。

① 用优良的乳猪料或添加 1.5%~3% 柠檬酸、适量酶制剂。

② 每千克日粮中添加支原净 50 毫克、强力霉素 0.05 千克、阿莫西林 0.05 千克。拌匀喂服。

③ 饮服口服补液盐水，并在补液盐水每 1 000 千克中加入 0.05 千克支原净和 0.05 千克水溶性阿莫西林。

④ 实行严格的全进全出制，防止不同来源、年龄的猪混养，减少各种应激，降低饲养密度，防止温差过大的变化，尤其后半夜保温，防贼风和有害气体。

⑤ 加强泌乳母猪的营养，添加氧化锌、丙酸，防止发生胃溃疡。

（二）猪皮炎和肾病综合征

1. 流行特点

英国于 1993 年首次报道此病，随后美国、欧洲和南非均有报道。通常只发生在 8~18 周龄的猪。发病率为 0.5%~2%，有的可达到 7%，通常病猪在 3 天内死亡，有的在出现临床症状后 2~3 周发生死亡。

2. 临床症状

病猪食欲不振或废绝，皮肤上出现圆形或不规则的红紫色病变斑点或斑块，有时这些斑块相互融合。尤其在会阴部和四肢最明显。体温有时升高。

3. 病理变化

主要是出血性坏死性皮炎和动脉炎，以及渗出性肾小球性肾炎和间质性肾炎。因此而出现皮下水肿、胸水增多和心包积液。在送检血清和病料中可查出 PCV-2 病毒，又能查出猪繁殖和呼吸综合征病毒、细小病毒，并且都存在相应的抗体。

（三）猪间质性肺炎

本病主要危害 6~14 周龄的猪，发病率为 2%~3%，死亡率为

4%~10%。眼观病变为弥漫性间质性肺炎，呈灰红色。实验室检查有时可见肺部存在 PCV-2 型病毒，其存在于肺细胞增生区和细支气管上皮坏死细胞碎片区域内，肺泡腔内有时可见透明蛋白。

（四）繁殖障碍

研究发现有些繁殖障碍表现可与 PCV-2 型病毒相联系。该病毒造成比如返情率增加，子宫内感染、木乃伊胎，孕期流产以及死产和产弱仔等。有些产下的仔猪中发现 PCV-2 型病毒血症。

在有很高比例新母猪的猪群中，可见到非常严重的繁殖障碍。急性繁殖障碍，如发情延迟和流产增加，通常可在 2~4 周后消失。但其后就在断奶后发生多系统衰竭综合征。用 PCR 技术对猪进行血清 PCV-2 型病毒监测，结果表明有些母猪有延续数月时间的病毒血症。

（五）传染性先天性震颤

多在仔猪出生后第 1 周内发生，震颤由轻变重，卧下或睡睡觉时震颤消失，受外界刺激（如突发的噪声或寒冷等）时可以引发或是加重震颤，严重的影响吃奶，以致死亡。每窝仔猪受病毒感染的发病数目不等。大多是新引入的头胎母猪所产的仔猪。在精心护理 1 周后，存活的病仔猪多数于 3 周逐渐恢复。但是，有的猪直至育肥期仍然不断发生震颤。

七、猪狂犬病

本病是由狂犬病病毒经狗传播的人和温血动物共患的一种传染病。本病毒主要侵害中枢神经系统，临床上主要特征是神经机能失常，表现为各种形式的兴奋和麻痹。

（一）发病情况

狂犬病病毒属 RNA 型的弹状病毒科狂犬病病毒属，病毒粒子直径为 75~80 纳米，长 140~180 纳米，一端钝圆，另一端平凹，呈子弹形或试管状外观。

病毒能在脊椎动物及昆虫体内增殖，并能凝集鹅的红细胞。种间有血清学交叉反应。

病毒对酸、碱、福尔马林、石炭酸、升汞等消毒药敏感，1%~2%肥皂水、43%~70%酒精、2%~3%碘酊、丙酮、乙醚，都能使之灭活。病毒不耐湿热，50℃加热15分钟，60℃2分钟，100℃数秒以及紫外线和X射线均能灭活，但在冷冻和冻干状态下可长期保存，在50%甘油缓冲液中或4℃下可存活数月到1年。

病毒主要通过咬伤感染，也有经消化道、呼吸道和胎盘感染的病例。由于本病多数由疯狗咬伤引起，所以流行呈连锁性，以一个接一个的顺序呈散发形式出现，一般春季较秋季多发，伤口越靠头部或伤口越深，其发病率越高。

(二) 临床症状与病理变化

潜伏期不一，长的1年以上，短的10天，一般平均为21天。

发病突然，狂躁不安，兴奋，横冲直撞，攻击人，运动笨拙、失调。全身痉挛，静卧，受到刺激可突然跃起，盲目乱窜，惊恐，麻痹，衰竭死亡。

眼观无特征性病理变化，一般表现尸体消瘦，血液浓稠、凝固不良，口腔黏膜和舌黏膜常见糜烂和溃疡。胃内常有石块、泥土、毛发等异物，胃黏膜充血、出血或溃疡，脑水肿，脑膜和脑实质的小血管充血，并常见点状出血。

(三) 防制措施

1. 治疗

猪被可疑动物咬伤后，首先要妥善处理伤口，用大量肥皂水或0.1%新洁尔灭溶液冲洗，再用75%酒精或2%~3%碘酒消毒。局部处理越早越好；其次被咬伤后要迅速注射狂犬病疫苗，使被咬动物在病的潜伏期内就可产生免疫，可免于发病。

2. 预防

带毒犬是人类和其他家畜狂犬病的主要传染源，因此对家犬进行大规模免疫接种和消灭野犬是预防狂犬病的最有效的措施，在流行地区给家犬和家猫普遍接种疫苗，对患猪和患狂犬病死亡的猪，一般不剖检，应将病尸焚毁或深埋。

八、猪伪狂犬病

猪伪狂犬病是多种哺乳动物和鸟类的急性传染病。在临床上以中枢神经系统障碍、发热、局部皮肤持续性剧烈瘙痒为主要特征。

（一）发病情况

伪狂犬病病原体是疱疹病毒科疱疹病毒亚科的猪疱疹病毒Ⅰ型。无囊膜病毒粒子直径为110~150纳米，有囊膜病毒粒子直径约为180纳米。病毒对低温、干燥的抵抗力较强，在污染的猪圈或干草上能存活数月之久，在肉中能存活5周以上，季铵盐类消毒药、2%火碱液和3%来苏儿水能很快杀死病毒。

伪狂犬病病毒在全世界广泛分布。易感动物甚多，有猪、牛、羊、犬、猫及某些野生动物等，而发病最多的是哺乳仔猪，且病死率极高，成猪多为隐性感染。这些病猪和隐性感染猪可较长期地带毒排毒，是本病的主要传染源。鼠类粪尿中含大量病毒、也能传播本病。本病的传播途径较多，经消化道、呼吸道、损伤的皮肤以及生殖道均可感染。仔猪常因吃了感染母猪的乳而发病。怀孕母猪感染本病后，病毒可经胎盘而使胎儿感染，以致引起流产和死产。一般呈地方流行性发生，多发生于寒冷季节。

（二）临床症状与病理变化

猪的临床症状随着年龄的不同有很大的差异。但归纳起来主要有四大症状。

1. 哺乳仔猪及断奶幼猪

症状最严重，往往体温升高，呼吸困难、流涎、呕吐、下痢、食欲不振、精神沉郁、肌肉震颤、步态不稳、四肢运动不协调、眼球震颤、间歇性痉挛、后躯麻痹，有前进、后退或转圈等强迫运动，常伴有癫痫样发作及昏睡等现象，神经症状出现后1~2天内死亡，病死率可达100%。若发病6天后才出现神经症状，则有恢复的希望，但可能有永久性后遗症，如眼瞎、偏瘫、发育障碍等。

2. 中猪

常见便秘，一般症状和神经症状较幼猪轻，病死率也低，病程一般为4~8天。

3. 成猪

常呈隐性感染，较常见的症状为微热，打喷嚏或咳嗽，精神沉郁，便秘，食欲不振，数日即恢复正常，一般没有神经症状。但是，容易发生母猪久配不孕、种公猪睾丸肿胀，萎缩，失去种用能力。

4. 怀孕母猪

感染后，常有流产、产死胎及延迟分娩等现象。死产胎儿有不同程度的软化现象，流产胎儿大多甚为新鲜，脑壳及臀部皮肤有出血点，胸腔、腹腔及心包腔有多量棕褐色潴留液，肾及心肌出血，肝、脾有灰白色坏死点。

临床上呈现严重神经症状的病猪，死后常见明显的脑膜充血及脑脊髓液增加；鼻咽部充血，扁桃体、咽喉部及淋巴结有坏死病灶；肝、脾有 1~2 毫米灰白色坏死点，心包液增加，肺可见水肿和出血点。组织学检查，有非化脓性脑膜脑炎及神经节炎变化。

（三）防制措施

1. 治疗

在病猪出现神经症状之前，注射高免血清或病愈猪血液有一定疗效，对携带病毒猪要隔离饲养。

2. 预防

（1）平时的预防措施

① 要从洁净猪场引种，并严格隔离检疫 30 天。

② 猪舍地面、墙壁及用具等每周消毒 1 次，粪尿进行发酵池或沼气池处理。

③ 捕灭猪舍鼠类等。

④ 种猪场的母猪应每 3 个月采血检查 1 次。

（2）流行时的防制措施

根据种猪场的条件可采取全群淘汰更新、淘汰阳性反应猪群、隔离饲养阳性反应母猪所生仔猪及注射伪狂犬病油乳剂灭活苗 4 种措施。接种疫苗的具体方法为：种猪（包括公母猪）每 6 个月注射 1 次，母猪于产前 1 个月再加强免疫 1 次。种用仔猪于 1 月龄左右注射 1 次，隔 4~5 周重复注射 1 次，以后每半年注射 1 次。种猪场一般不宜用弱毒疫苗。

九、猪衣原体病

猪衣原体病是由衣原体引起的以怀孕母猪流产为主要临床症状的传染病。母猪流产胎衣上有水疱，水疱类型有浆液型液体、脓性液体或血泡等。

(一) 发病情况

衣原体是一种小的、细胞内专性寄生菌，可以引起多种动物的疾病；衣原体感染是一类十分重要的自然疫源性传染病。该病属人畜共患病，呈地方流行，常造成很大危害及经济损失，并对人类健康构成较大的威胁。衣原体可以感染 18 个目、29 个科的 190 余种鸟类以及绵羊、山羊、牦牛、猪等许多哺乳动物、野生动物受到过感染。猪衣原体感染可以引起猪的结膜炎、肠炎、胸膜炎、心包炎、关节炎、睾丸炎、子宫感染和流产等，对猪衣原体病的研究表明，猪衣原体感染与猪衣原体、鹦鹉热衣原体、猫衣原体和沙眼衣原体有关。

衣原体引起的动物地方性流产不仅对养殖业造成了重大的经济损失，而且威胁人员健康，在饲养或处理被感染动物过程中的病原体可由呼吸道进入人体而造成人员的感染，被感染人员会出现轻微流感样症状，甚至导致衣原体性脑膜炎、结膜炎、肺炎、睾丸炎和怀孕妇女的流产等。

猪衣原体病可以一年四季发生，对不同日龄、性别、品种的猪皆可感染发病，尤其以怀孕母猪和哺乳仔猪最易感；病猪和康复猪长期携毒，是主要传染源，猪场内活动的人员、鼠类、犬猫等动物可称为中间传播媒介；传播途径包括精液传染、母乳传染、带毒的排泄物或分泌物污染空气、饲料和水源，即可产生呼吸性传染或消化道传染。垂直传播也有可能。猪群一旦感染本病很难清除，康复猪群可长期带菌。

本病多发生于初产母猪，流产率为 40% ~ 90%。流产前无先兆，怀孕猪常突然发生流产、产死胎；有的整窝产出死胎；有的活仔和死仔间隔产出；有的产出弱仔，多在产后数日死亡。

(二) 临床症状与病理变化

猪衣原体感染典型表现为种猪繁殖障碍性综合征，如怀孕母猪感染后发生流产、早产、产死弱胎等，有的母猪整窝出现死胎；公猪发生睾丸炎、附睾炎、尿道炎等，精液质量下降；母猪配种后受孕率低下，流产率、死胎率增高。病程中后期可继发肺炎、肠炎、关节炎、心包炎、结膜炎、脑炎、脑脊髓炎等。其中猪衣原体性流产和引起仔猪大批死亡的衣原体性肺炎-肠炎，对集约化养猪业具有较大的威胁。

子宫内膜水肿及严重充血，表面散布不规则坏死病灶；流产胎儿身体明显水肿，头颈部和四肢皮下淤血，全身出血，胎衣上有圆形或不规则的水疱，水疱液可能是浆液型和脓性；肝组织出血、肿大；公猪表现为睾丸坏死、质地变硬，腹股沟淋巴结肿胀，输精管炎症、出血，阴茎水肿、出血或坏死。肺炎型衣原体感染病例剖解可见肺水肿，肺表散布出血点或淤血斑；有时表现为肺充血，肺实质坏死、板结；气管、支气管炎症，内含黄褐色或带凝血块的分泌物。

有一部分感染猪出现结膜出血，水肿；有关节炎症状的猪只，表现为关节肿大，关节囊液浑浊，灰黄色，含有纤维蛋白絮片等。

（三）防控

1. 治疗

一些抗生素如强力霉素、土霉素、红霉素、泰乐菌素、螺旋霉素等对猪衣原体有抑制作用。发生猪衣原体感染时可以使用。

需要另外提醒的是：衣原体病是一种严重的人畜共患病，工作人员在孕畜接产、病畜解剖、处理流产胎儿、流产胎衣、病畜粪便时，必须做好个人防护。

2. 预防

使用疫苗免疫是控制本病的关键。建议免疫程序如下。

能繁种猪：配种前10日左右种猪，每只颈部皮下或肌内注射2毫升。

后备种猪：配种前40天颈部皮下或肌内注射2毫升，配种前10日左右，每头2毫升。

种公猪：每年2次颈部皮下注射2毫升。

对于种猪场，建议全场进行免疫。免疫程序如上。

参考文献

[1]　林长光. 母猪精细化养殖新技术［M］. 福州：福建科学技术出版社，2016.

[2]　李连任. 现代高效规模养猪实战技术问答［M］. 北京：化学工业出版社，2015.

[3]　陈宗刚，王天江. 母猪的快速繁育［M］. 北京：科学技术文献出版社，2015.

[4]　马永喜 译. 母猪的信号［M］. 北京：中国农业科学技术出版社，2012.